大数据与云计算技术研究

王雪瑶 王 晖 王豫峰 著

北京工业大学出版社

图书在版编目（CIP）数据

大数据与云计算技术研究 / 王雪瑶，王晖，王豫峰著. — 北京：北京工业大学出版社，2019.9
ISBN 978-7-5639-6963-0

Ⅰ.①大… Ⅱ.①王… ②王… ③王… Ⅲ.①数据处理－研究②云计算－研究 Ⅳ.① TP274 ② TP393.027

中国版本图书馆 CIP 数据核字（2019）第 185297 号

大数据与云计算技术研究

著　　者：	王雪瑶　王　晖　王豫峰
责任编辑：	刘连景
封面设计：	点墨轩阁
出版发行：	北京工业大学出版社
	（北京市朝阳区平乐园 100 号　邮编：100124）
	010-67391722（传真）　bgdcbs@sina.com
经销单位：	全国各地新华书店
承印单位：	定州启航印刷有限公司
开　　本：	787 毫米 ×1092 毫米　1/16
印　　张：	8
字　　数：	160 千字
版　　次：	2019 年 9 月第 1 版
印　　次：	2019 年 9 月第 1 次印刷
标准书号：	ISBN 978-7-5639-6963-0
定　　价：	40.00 元

版权所有　翻印必究

（如发现印装质量问题，请寄本社发行部调换 010-67391106）

作者简介

王雪瑶，1982年1月生，山东曹县人，研究生学历，副高级职称，毕业于中国科学院，现任职于华北电力大学，主要研究方向：清洁能源、复杂多相流的建模、测量，云计算等。曾获连云港市自然科学优秀学术成果奖，一等奖；陈学俊青年学者论文奖暨中国工程热物理学会优秀论文奖。

王晖，男，1983年5月生，汉族，大学本科学历，硕士学位，讲师，就职于山西管理职业学院，研究方向：数据库，2014年被评为院级"优秀教师"，曾发表论文《计算机辅助教学软件库的构建和实验研究》《高校图书馆特色数据库建设的理论与实践》《数据挖掘技术在学工系统数据分析中的应用》《以就业为导向的高职计算机教学模式优化策略探析》等。

王豫峰，男，1982年7月生，就职于南阳理工学院，主要研究计算机应用技术，2013年参加课题研究，担任主持人一职，获得一等奖。

前 言

随着网络技术的快速发展以及智能终端、网络社会、数字地球的普及和建设，全球数据量出现爆炸式增长，云计算和大数据时代已经到来。大数据与云计算的发展是相辅相成的。云计算为大数据提供存储和运算平台，运用人工智能技术从海量数据中发现知识、规律和趋势，为决策提供信息参考；大数据利用云计算的强大计算能力，提高数据分析效率，更迅速地从海量数据中挖掘出有价值的信息。秉承"按需服务"理念的"云计算"正高速发展，"数据即资源"的"大数据"的时代已经来临，如何更好地管理和利用大数据已经成为人们普遍关注的话题。大数据的规模效应给数据储存、管理以及数据分析带来了挑战，数据管理方式上的安全与发展需要进一步的思考和研究。大数据与云计算提供了人类认识和处理复杂问题的新思维和新手段。它们蕴含着巨大的科研价值，高效的研究、组织及使用大数据与云计算将会对社会经济、科学研究以及国家治理产生巨大的推动作用。

本书以"大数据与云计算技术研究"为选题，讲述了互联网时代的大数据与云计算的基本理论，全书共五章，分别是大数据及其应用领域、大数据关键技术研究、云计算理论与相关概念认知、云计算平台与关键技术研究以及大数据与云计算的安全与发展趋势。

首先，本书注重构建较为科学的知识结构，前两章详细地讲述了大数据的相关信息，之后两章又具体讲述了云计算的知识点，最后将两者结合，探讨其面临的问题及发展趋势，结构清晰；其次，本书重视知识的循序渐进、由浅入深，力求以准确与严谨的文字进行表述。本书在论述中，尽可能贴近行业和产业发展的实际，便于读者掌握。

笔者在撰写本书过程中，秉持着科学性与实用性的原则对大数据与云计算进行了探索研究。由于笔者学术水平和种种客观条件的限制，加之时间方面有些仓促，本书所涉及内容难免有疏漏与不够严谨之处，希望各位读者和专家能够提出宝贵意见，以待进一步修改，使之更加完善。

目 录

第一章 大数据及其应用领域 ·· 1
 第一节 大数据的概念与特征 ··· 1
 第二节 大数据技术的构架分析 ··· 3
 第三节 大数据技术的应用领域 ··· 6

第二章 大数据关键技术研究 ·· 11
 第一节 大数据存储技术 ··· 11
 第二节 大数据处理与计算技术 ··· 17
 第三节 流式大数据处理技术 ··· 25

第三章 云计算理论与相关概念认知 ··· 31
 第一节 云计算基础知识 ··· 31
 第二节 云计算与网格计算 ··· 34
 第三节 云计算与物联网、移动互联网 ··································· 36
 第四节 云计算与"互联网+" ·· 39

第四章 云计算平台及关键技术研究 ··· 43
 第一节 云计算平台 ··· 43
 第二节 虚拟化技术 ··· 62
 第三节 数据存储技术与资源管理技术 ··································· 77
 第四节 云计算中的编程模型 ··· 86
 第五节 集成一体化与自动化技术 ······································· 90

第五章　大数据与云计算的安全与发展趋势……………………………95
　第一节　大数据的安全问题与解决方案………………………………95
　第二节　云计算的安全威胁与解决方案………………………………99
　第三节　大数据与云计算在市场方面的发展趋势……………………104
　第四节　大数据与云计算在技术方面的发展趋势……………………110

参考文献…………………………………………………………………115

第一章 大数据及其应用领域

如今,数据已经呈爆炸式增长,这足以引发全世界范围内的一次技术变革,"第三次浪潮"——大数据时代已经来到。大数据技术,就是从各种类型的数据中快速获得有价值信息的技术。大数据领域已经涌现出了大量新的技术,它们成为大数据采集、存储、处理和呈现的有力武器。本章重点探讨大数据的概念与特征、大数据技术的构架分析以及大数据技术的应用领域。

第一节 大数据的概念与特征

一、大数据的概念

大数据是指大小超出了传统数据库软件工具的抓取、存储、管理和分析能力的数据群。这个定义带有主观性,对于"究竟多大才算是大数据",其标准是可以调整的,即不以超过多少 TB(1TB=1024GB)为大数据的标准,因为随着时间的推移和技术的进步,大数据的"量"仍会增加。应注意到,该定义可以因部门的不同而有所差异,也取决于什么类型的软件工具是通用的,以及某个特定行业的数据集通常的大小。[①]

大数据的目标不在于掌握庞大的数据信息,而在于对这些含有意义的数据进行专业化处理。换言之,如果把大数据比作一种产业,那么这种产业实现盈利的关键,在于提高对数据的"加工能力",通过"加工"实现数据的"增值",大数据是为解决巨量复杂数据而生的。巨量复杂数据有两个核心点,一个是巨量,一个是复杂。"巨量"意味着数据量大,要实时处理的数据越来越多,一旦在处理巨量数据上耗费的时间超出了可承受的范围,将意味着企业的策略落

---

① 何克晶,阳义南. 大数据前沿技术与应用[M]. 广州:华南理工大学出版社,2017.

后于市场。"复杂"意味着数据是多元的，不再是过去的结构化数据了，必须针对多元数据重新构建一套有效的理论或分析模型，甚至分析行为所依托的软硬件都必须进行革新。

二、大数据的特征

一般来讲，大数据主要具有四个方面的典型特征，这四个特征通常被称为大数据的"4V"特征，具体如下所述。

第一，数据体量巨大（Volume）。大数据的特征首先就体现为数据体量大。如今存储的数据数量正在急剧增长，人们身边的所有数据，包括财务数据、医疗数据、监控数据等，都快将人类"淹没"在数据的"海洋"中。随着计算机深入到人类生活的各个领域，数据基数在不断增大，数据的存储单位已经从过去的 GB 级升级到 TB 级，再到 PB 级甚至 EB 级。

第二，数据类型多（Variety）。广泛的数据来源，决定了大数据形式的多样性。以往的数据尽管数量庞大，但通常是事先定义好的结构化数据。结构化数据是将事物向方便于计算机存储、处理的方向抽象后的结果，结构化数据在抽象的过程中，忽略了一些在特定的应用下可以不考虑的细节。相对于以往的结构化数据，非结构化数据越来越多，包括网络日志、音频、视频、图片、地理位置信息等，这一类数据的大小、内容、格式、用途可能完全不一样，对数据的处理能力提出了更高的要求。无论是企业还是人们日常生活中接触到的数据，绝大部分都是非结构化的。而半结构化数据，就是介于完全结构化数据和完全非结构化数据之间的数据，HTML 文档就属于半结构化数据，它一般是自描述的，数据的结构和内容混在一起，没有明显的区分。

第三，价值高，但价值密度低（Value）。价值密度的高低与数据总量的大小成反比。大数据为了获取事物的全部细节，不对事物进行抽象、归纳等处理，直接采用原始的数据，保留了数据的原貌。因此相对于特定的应用，大数据关注的非结构化数据的价值密度偏低。如何通过强大的算法更迅速地完成数据的价值"提纯"，成为目前大数据背景下亟待解决的难题。大数据最大的价值在于通过从大量不相关的各种类型的数据中，挖掘出对未来趋势与模式预测分析有价值的数据，发现新规律和新知识。

第四，处理速度快（Velocity）。数据的增长速度和处理速度是大数据高速性的重要体现。根据互联网数据中心（Internet Data Center，IDC）的报告，预计到 2020 年，全球数据使用量将达到 35.2ZB。在如此海量的数据面前，处理数据的效率显得格外重要。企业不仅需要了解如何快速获取数据，还必须知道如何快速处理、分析数据，并将结果返回给用户，以满足他们的实时需求。新数据不断涌现，快速增长的数据量要求数据处理的速度也要相应的提升，才能让大量的数据得到有效利用。此外，一些数据是在互联网中不断流动，且随着时间推移而迅速衰减的，如果数据未得到及时有效的处理，就失去了价值，大量的数据就没有了意义。对不断增长的海量数据进行实时处理，是大数据相比传统数据处理技术而言的优势之一。

第二节　大数据技术的构架分析

大数据技术包含各类基础设施支持，底层计算资源支撑着上层的大数据处理。底层主要是数据采集、数据存储阶段，上层则是大数据的计算、处理、挖掘与分析和数据可视化等阶段。

一、各类基础设施的支持

大数据处理需要拥有大规模物理资源的云数据中心和具备高效的调度管理功能的云计算平台的支撑。云计算管理平台能为大型数据中心及企业提供灵活高效的部署、运行和管理环境，通过虚拟化技术支持异构的底层硬件及操作系统，为应用提供安全、高性能、高可扩展性、高可靠和高伸缩性的云资源管理解决方案，降低应用系统开发、部署、运行和维护的成本，提高资源使用效率。

云计算平台具体可分为 3 类：①以数据存储为主的存储型云平台。②以数据处理为主的计算型云平台。③计算和数据存储处理兼顾的综合云计算平台。[1]

目前在国内外已经存在较多的云计算平台。商业化的云计算平台国外有谷歌（Google）公司的 AppEngine、微软公司的 Azure、亚马逊（Amazon）公司的 EC2 等，国内也有阿里云、百度云和腾讯云等。

二、数据的采集

足够的数据量是企业大数据战略建设的基础，因此数据采集是大数据价值挖掘中的重要一环。数据的采集有基于物联网传感器的采集，也有基于网络信息的数据采集。比如在智能交通中，数据的采集有基于 GPS 的定位信息采集、基于交通摄像头的视频采集、基于交通卡口的图像采集、基于路口的线圈信号采集等。而在互联网上的数据采集是对各类网络媒介的，如搜索引擎、新闻网

---

[1] 何克晶，阳义南. 大数据前沿技术与应用 [M]. 广州：华南理工大学出版社，2017.

站、论坛、微博、博客、电商网站等的各种页面信息和用户访问信息进行采集，采集的内容包括文本信息、网页链接、访问日志、日期和图片等。之后需要把采集到的各类数据进行清洗、过滤等各项预处理并分类归纳存储。

在数据量呈爆炸式增长的今天，数据的种类丰富多样，也有越来越多的数据需要放到分布式平台上进行存储和计算。数据采集过程中的ETL（Extract，Tmnsfomi，Load，提取、转换和加载）工具将分布的、异构数据源中的不同种类和结构的数据抽取到临时中间层进行清洗、转换、分类、集成，之后加载到对应的数据存储系统，如数据仓库或数据集市中，成为联机分析处理、数据挖掘的基础。在分布式系统中，经常需要采集各个节点的日志，然后进行分析。企业每天都会产生大量的日志数据，对这些日志数据的处理也需要特定的日志系统。因为与传统的数据相比，大数据的体量巨大，产生速度非常快，对数据的预处理也需要实时快速，所以在ETL的架构和工具选择上，也需要采用分布式内存数据、实时流处理系统等技术。根据实际生活环境中应用环境和需求的不同，目前已经产生了一些高效的数据采集工具，包括Flume、Scribe和Kafka等。

三、数据的存储

大数据中的数据存储是实现大数据系统架构中的一个重要组成部分。大数据存储专注于解决海量数据的存储问题，它既可以给大数据技术提供专业的存储解决方案，又可以独立发布存储服务。云存储将存储作为服务，它将分别位于网络中不同位置的大量类型各异的存储设备通过集群应用、网络技术和分布式文件系统等集合起来协同工作，通过应用软件进行业务管理，并通过统一的应用接口对外提供数据存储和业务访问功能。

云存储系统具有良好的可扩展性、容错性，以及内部实现对用户透明等特性，这一切都离不开分布式文件系统的支撑。现有的云存储分布式文件系统包括GFS和HDFS等。此外，目前存在的数据库存储方案有SQL、NoSQL和NewSQL。SQL是目前为止企业应用中最为成功的数据存储方案，仍有相当大一部分的企业把SQL数据库作为数据存储方案。

四、大数据的计算

面向大数据处理的数据查询、统计、分析、数据挖掘、深度学习等计算需求，促生了大数据计算的不同计算模式，整体上可以把大数据计算分为离线批处理计算和实时计算两种。

离线批处理计算模式最典型的应该是Google提出的MapReduce编程模型。

MapReduce 的核心思想就是将大数据并行处理问题分而治之，即将一个大数据通过一定的数据划分方法，分成多个较小的具有同样计算过程的数据块，数据块之间不存在依赖关系，将每一个数据块分给不同的节点去处理，之后再将处理的结果进行汇总。

实时计算一个重要的需求就是能够实时响应计算结果，主要有两种应用场景：一种是数据源是实时的、不间断的，同时要求用户请求的响应时间也是实时的；另一种是数据量大，无法进行预算，但要求对用户请求实时响应的。实时计算在流数据不断变化的运动过程中实时地进行分析，捕捉到可能对用户有用的信息，并把结果发送出去。整个过程中，数据分析处理系统是主动的，而用户却处于被动接收的状态。数据的实时计算框架需要能够适应流式数据的处理，可以进行不间断的查询，同时要求系统稳定可靠，具有较强的可扩展性和可维护性，目前较为主流的实时流计算框架包括 Storm 和 Spark Streaming 等。

五、数据的可视化

数据可视化是将数据以不同形式展现在不同系统中。计算结果需要以简单、直观的方式展现出来，才能最终被用户理解和使用，形成有效的统计、分析、预测及决策，应用到生产实践和企业运营中。想要通过纯文本或纯表格的形式理解大数据信息是非常困难的，相比之下，数据可视化却能够将数据网络的趋势和固有模式清晰地展现出来。

可视化会为用户提供一个总的概览，再通过缩放和筛选，为人们提供其所需的更深入的细节信息。可视化的过程在帮助人们利用大数据获取较为完整的信息时起到了关键性作用。可视化分析是一种通过交互式可视化界面，来辅助用户对大规模复杂数据集进行分析推理的技术。可视化分析的运行过程可以看作是"数据—知识—数据"的循环过程，中间经过两条主线：可视化技术和自动化分析模型。

大数据可视化主要利用计算机技术，如图像处理技术，将计算产生的数据以更易理解的形式展示出来，使冗杂的数据变得直观、形象。大数据时代利用数据可视化技术可以有效提高海量数据的处理效率，挖掘数据隐藏的信息。

第三节 大数据技术的应用领域

总体而言，大数据可以应用于诸多行业，包括金融市场、城市交通、健康医疗、企业管理、网络社交、劳动就业、文化教育、能源环境等行业。以下就一些典型领域的大数据应用进行阐述。

一、金融方面大数据的应用

国内已经有一部分银行采用大数据经营业务，比如中信银行信用卡中心应用大数据技术进行营销活动；光大银行建立了社交网络信息数据库，利用大数据发展小微信贷。从整体上来看，银行对于大数据的利用，主要体现在以下四个方面：[1]

（一）客户画像的应用

对客户画像应用进行分类，可以将其分为个人客户画像和企业客户画像两类。人口统计学特点、消费能力相关数据、兴趣、个人偏好等，属于个人客户画像范畴；企业生产、管理、销售、财务、消费者信息以及相关产业链上下游等，属于企业客户画像。

比较特殊的一点是，银行对于客户信息的掌握并不全面，因此，通过分析银行所掌握的信息，有时无法得出正确的结论。假设一位信用卡用户每月刷卡8次，平均每次交易额在800元左右，平均每年会打4次客服电话，但是从来没有投诉过，这样看来，这位客户对于银行所提供的服务满意度很高。但是，如果通过观察该客户的微博动态，看到的情况是，虽然打了电话，但是一直没有接通，该客户会在微博上抱怨，则这名客户极有可能会流失。所以，银行不能仅仅依靠自身获得的信息，而是应该综合多方面数据，这样才能对客户有更加全面的了解。

（二）精准营销的应用

第一，实时营销。根据客户现实状态制定营销战略。例如，根据客户所在地以及上一次消费时的信息，制定营销策略（客户有使用信用卡购买孕妇产品的消费记录，可以推测消费者可能是孕妇，可以向其推荐孕妇类产品）；消费者改变生活状态，如换工作、乔迁新居，都可以作为营销机会。

---

[1] 叶鑫,董路安,宋禹.基于大数据与知识的"互联网＋政务服务"云平台的构建与服务策略研究[J].情报杂志,2018,37（2）：154-160.

第二，交叉营销。不同产品或服务领域的交叉销售。比如招商银行可以对客户交易记录等信息进行分析，用于识别小微企业客户，再借助远程银行实现交叉营销。

第三，个性化推荐。银行在销售产品时，根据用户个人喜好和需求，观察客户年龄、资产总额、投资理财方式等，分析其潜在业务需求，有针对性地进行营销和推广。

第四，客户生命周期管理。其中包括新客户获取、客户防流失和客户赢回等。例如，银行会对可能流失的客户建立预警方案，对于流失率在前20%的客户可以向其推销高收益理财产品，争取把客户流失率降到最低。

（三）风险管控的应用

中小企业贷款风险评估、欺诈交易识别等都属于风险管控内容。银行会通过对企业资产、销售、经营、财务等各方面信息进行大数据分析，用于评估贷款风险，不仅使企业信用额度量化，也可以为中小企业贷款提供借鉴。同时，银行还可以通过分析持卡人基本信息、交易信息、历史行为模式等信息，预测或判断其实时交易行为。

（四）运营优化的应用

运营优化的应用主要表现在三个方面，分别是市场和来源渠道分析的优化、服务及产品优化，以及舆情分析。银行可以利用大数据对各个市场推广渠道，尤其是网络销售渠道进行随时随地监控，以便及时做出调整，使合作的渠道更加优化；为不同服务和产品匹配最佳销售渠道，不断完善推广策略。

在服务方面，银行可以根据客户历史记录，对客户的个人需求和偏好进行分析，更加深入地了解客户的真正需求，以预测客户接下来可能进行的消费行为，从而对自身服务和产品做进一步完善和提升。比如，兴业银行根据客户还款数据，对客户价值进行划分，针对不同还款额度的客户，提供合适的理财方式和金融产品。

舆情分析方面，银行可以借助网络爬虫技术获取社交媒体上关于银行及其提供的相关服务等信息；通过自然语言处理（NLP）技术对其优劣进行评价；及时发现并处理关于银行及其提供服务和产品不好的评价，发扬好的评价。与此同时，银行还可以向同行学习，从而提升自身业务能力。

二、城市交通方面大数据的应用

公共交通管理大数据技术有利于预测市民出行规律，指导公交线路的设计、调整车辆密度等。其数据来源主要为公交地铁刷卡、停车收费站、信号灯、交通视频摄像头等,利用收集的历史数据进行预测,实现对交通调度系统的指挥控制,及时疏通拥堵,有效缓解城市交通压力。[①]

在美国洛杉矶,交通拥堵情况比较严重。于是当地在相关州际公路上建立了收费快速通道,通过大数据引导驾驶人员在该通道上行驶,保证道路交通的畅通。施乐是一家参与此次大数据项目的公司,它的抗拥塞项目,包括动态定价、上升的需求等。

如果司机向驾驶快车道(占用收费系统)付费,他必须保证车速每小时45英里左右。如果交通开始拥堵,私家汽车的支付价格将上升,以减少他们进入,而将车道用于高占用率的车辆,如公共汽车和大巴车。

三、医疗方面大数据的应用

医疗行业是最早感受到大量数据冲击的行业。麦肯锡是世界著名咨询公司,他们曾经专门做过调查,除了体制阻碍,美国医疗行业每年可以借助大数据,分析创造3000亿美元的价值。[②] 大数据分析在临床操作方面的运用主要体现在五个方面。如果能够广泛使用,仅就美国来说,一年可减少165亿美元的医疗开支。

(1)比较效果研究(Comparative Effectiveness Research,CER)。分析有关病人病情和治疗效果的数据,并把各种治疗方式加以对比,可以为病人的治疗提供最佳方案。是以疗效为基础的研究,根据相关研究,如果同一个病人接受不同医疗机构提供的服务,其最终治疗效果也会有差别,且治疗成本不同。分析有关病人病情特征、治疗成本和治疗效果数据,可以对病人有更精准的了解,为医生选择最有效和最节约成本的治疗方法提供参考和借鉴。目前,CER项目已经在一些国家的医疗机构中投入使用,比如英国国家卫生与临床优化研究所(NICE)、德国卫生质量和效率研究所(IQWIG)、加拿大普通药品检查机构等。

(2)临床决策支持系统。这个系统在提高工作效率和治疗质量方面作用较大。当前,临床决策支持系统用于分析医生输入的内容,与医学库资源进行比对,及时发现并纠正医生的错误,避免出现医疗事故。临床决策支持系统的使用,可以大大降低医疗事故发生概率,减少临床错误。在临床决策支持系统

---

① 何承,朱扬勇. 城市交通大数据[M]. 上海:上海科学技术出版社,2015.
② 于广军,杨佳泓. 医疗大数据[M]. 上海:上海科学技术出版社,2015.

中加入大数据分析技术，可以使非结构化数据分析能力更强，系统也会更加智能化。例如，识别医疗影像（X光、CT、MRI）数据，或者从众多医学文献中提取数据组建专家数据库；利用图像分析技术，为医生提供最佳选择方案。除此之外，该系统还可以减轻医生咨询工作负担，使治疗过程中大部分工作向护理人员和助理医生倾斜，从而提高工作效率，使治疗过程更加完善。

（3）医疗数据透明度。把治疗过程数据可视化，可以清楚地看到医疗工作者所做的工作，使绩效可视化，从而提高治疗质量。通过搜集医疗机构相关绩效数据，并进行大数据分析，可以创建公开透明的流程图和仪表盘。流程图的主要作用是识别和分析临床变异以及医疗废物产生的源头，为医疗机构提高服务质量建言献策。

（4）远程病人监控。数据主要来源是慢性病人的远程监控系统，对数据进行分析以后，将最终结果反馈给监控设备，以便更好地规划病人今后的治疗。该系统对于慢性病人的治疗很有帮助，包括家用心脏监测设备、血糖仪，以及芯片药片等，这种药可以监控病人病情，及时将病人的信息传送到数据库。

（5）对病人档案进行高级分析。分析病人档案可以确定病人感染某种疾病的可能性。比如，预测哪一类人易患糖尿病，可以利用高级分析，帮助患者尽早进行预防或接受治疗。此外，高级分析还可以帮助患者找到最佳的治疗方案。

四、企业管理方面大数据的应用

对企业经营管理者而言，在大数据时代所面临的主要困惑具体包括以下几点。

（1）如何将大数据应用和企业真实业务场景结合，有效地发挥出大数据效用。

（2）如何基于云计算、大数据重构企业的商业模式来帮助企业实现"互联网+"转型升级。

（3）如何用企业多年积累的多个数据来帮助企业实现业务改进，创造新的商业价值。

（4）如何将散落在企业不同系统中的各种数据清洗整合和挖掘应用。

（5）如何获取需要采集的过程数据和外部数据，以此来实现企业大数据的应用。

以上海企源科技股份有限公司（AMT）为例，其提供的大数据企业战略规划服务就包括大数据整体战略规划和基于具体应用场景的落地方案，从而实现系统规划、重点突破。大数据战略规划帮助企业明晰大数据建设的整体目标，其蓝图包含应用蓝图、数据蓝图、技术蓝图和运营蓝图，蓝图的实现分解为可操作、可落地的实施路径和行动计划，有效指导企业大数据战略的落地实施。

关于其大数据战略规划，可作如下的解读。

（1）应用蓝图。根据商业模式以及业务价值，分析大数据所产生的功能及意义。第一，以商业模式策略为基础并融合互联网发展策略，从高级设计角度分析指导公司创建新型商业体系，在应用大数据前提下，将早期经常应用的模式转化为数据驱动模式，并成为互联网环境下的公司。第二，以价值链为导向的应用策略。指导公司在运营过程中有效应用大数据并体现出创新性与高效率，尤其是在不同业务中对大数据的应用，促进大数据与业务之间有效融合。

（2）数据蓝图。在创建数据结构基础上，根据内部或者外部情况选取数据制定相应方案。例如，内部数据选取的是公司运营情况，进而完成并保证信息首次获取；从外部数据方面进行分析，主要来源是从外界购买的数据。

（3）技术蓝图。根据公司发展实际情况、技术开发方向以及重要技术比较情况，通过分析指导公司创建大数据框架，再结合产品特点，为公司的决策提供参考价值。

（4）运营蓝图。指导公司建设能够支撑大数据的管理系统。例如，人才培养计划与组织、研究与完善大数据应用体系、大数据长期发展体系等，进而完成大数据的一系列流程，包括数据获取、研究解析、改进完善等。

第二章　大数据关键技术研究

大数据的发展必定会依赖相关的工具和技术。大数据的基础架构必须能够以经济的方式存储比以往更大量、更多类型的数据，并且具备分布计算的能力。此外，还必须以新的方式合成、分析和关联数据，才能实现大数据的商业价值。本章重点探讨大数据存储技术、大数据处理与计算技术以及流式大数据处理技术。

第一节　大数据存储技术

大数据首先需要解决的就是存储问题。大数据首要需满足的一点就是数据量要大——从 GB、TB 到 PB 甚至 EB 级的增长，如何有效管理这些海量数据是大数据存储面临的首要问题。

一、结构化查询语言和传统数据库的技术

传统的数据存储主要采用的是关系型数据库系统（Relational Database Management System，RDBMS）和结构化查询语言（Structured Query Language，SQL）等技术，RDBMS 通过 SQL 这种标准语言对数据库进行操作。比较典型的关系型数据库管理系统有 SQLServer、MySQL、Oracle 和 DB2 等。

在传统的关系型数据库中，数据被归纳为表（Table）的形式，并通过定义数据之间的关系，来描述严格的数据模型，这种数据类型也称为结构化数据。这种方式需要在输入数据的含义基础上，事先对字段结构做出定义，一旦定义好后数据库的结构就相对固定。[①]

在数据一致性上，传统关系型数据库存在一个经典的 ACID 原则，即原子

---

① 何克晶，阳义南. 大数据前沿技术与应用 [M]. 广州：华南理工大学出版社，2017.

性（Atomicity）、一致性（Consistency）、隔离性（Isolation）和持久性（Durability）。遵循这一原则在于保证数据存储时保持严密的一致性，然而这也导致其在扩展性能上的欠缺。当数据库存储的数据量增加时，基本是采取增加数据库服务器的数量这样向上扩展的方法进行扩容，难以进行架构上的横向扩展。

二、NoSQL 数据库的技术

尽管 NoSQL 这个概念是近几年才被提出的，但其实 NoSQL 并不是一个新鲜事物，最早的 NoSQL 系统可以追溯到 20 世纪 80 年代的 Berkeley DB。NoSQL 也可以认为是"Not Only SQL"的简写，是对不同于传统的关系型数据库管理系统的统称，其中最重要的就是 NoSQL 不使用 SQL 作为查询语言。目前市场上存在多种 NoSQL 数据库，它们都各有自己的特点。

（一）NoSQL 数据库的意义

大多数的 NoSQL 数据库的研发动机，都是为了要在集群环境中运行。关系型数据库使用 ACID 原则来保持整个数据库的一致性，而这种方式本身与集群环境冲突。所以，NoSQL 数据库为处理并发及分布问题提供了众多选项。然而，并非所有的 NoSQL 数据库都是为运行在集群上设计的。图数据库就属于这种风格的 NoSQL 数据库，它的分布模型与关系型数据库相似，但其数据模型能更好地处理复杂的数据关系。

使用 NoSQL 的好处是，开发者可以将精力集中在应用、业务或者组织上面，而不用担心数据库的扩展性。但是，仍有许多应用不能使用 NoSQL，因为它们无法放弃一致性的需求，通常这些都是需要处理复杂关联性数据的企业级应用（如财务、订单系统、人力资源系统等）。包括 Google 在内的一些公司发现采用 NoSQL 数据库会迫使开发者在应用开发过程中花费过多的精力来处理一致性数据以提高事务的执行效率。

（二）NoSQL 数据库的类型

NoSQL 官网显示的 NoSQL 数据库已超过 200 种，对比传统关系型数据库，NoSQL 大致分为几种：列存储数据库、文档存储型数据库、键值存储数据库和图数据库等。

（1）列存储数据库。大部分数据库都以行为单位存储数据，尤其是在需要提高写入性能的场合更是如此。然而，有些情况下写入操作执行得很少，但是经常需要一次读取若干行中的很多列。在这种情况下，将所有行的某一列作为基本数据存储单元，效果会更好，列存储数据库由此得名。列存储数据库将列组织为列族，每一列都必须是某个列族的一部分，而且访问数据的单元也是列，这样设计的前提是，某个列族中的数据经常需要一起访问。典型的列存储数据库有 HBase、Cassandra 等。

（2）文档存储型数据库。文档存储型数据库的数据模型是版本化或半结构化的文档，并以特定的格式存储。文档型数据库可以看作是键值数据库的升级版，允许之间嵌套键值，但是文档型数据库的查询效率更高。文档型数据库可以通过复杂的查询条件来获取数据，虽然不具备事务处理和 JOIN 这些关系型数据库所具有的处理能力，但除此之外其他的数据处理基本上都能实现。典型的文档型数据库有 McmgoDB、CouchDB 等。

（3）键值存储数据库。键值存储数据库是最常用的 NoSQL 数据库，它的数据是以键值对（Key-Value）的形式存储的。键值存储数据库对于 IT 系统来说优势在于简单、易部署、处理速度非常快。但是，键值存储数据库只能通过键的完全一致查询获取数据，并且，当需要只对部分值进行查询或更新时，键值存储数据库就显得效率低下了。

根据数据的保存方式，键值存储数据库划分为：临时性、永久性和两者兼具三种类型。临时性键值存储数据库把所有的数据都保存在内存中，可以非常快速地保存和读取数据。但是，存在数据可能丢失的问题，Memcache DB 便属于这种类型。永久性键值存储数据库把数据保存在硬盘上，读取速度虽然不如临时性键值存储数据库快，但是数据不会丢失，Tokyo Tymnt、Flare、ROMA 等属于这种类型。两者兼具键值存储数据库首先把数据保存到内存中，在满足特定条件时把数据写入硬盘中，这样既确保了内存中数据的处理速度，又可以通过写入硬盘来保证数据的永久性，Redis 就属于这种类型。

（4）图数据库。图数据库同其他行列式数据库或 SQL 数据库不同，它使用灵活的图结构模型，并且能够扩展到多个服务器上。对于很多应用来说，其中的领域对象模型本身就是一个图结构。以基于社交网络的应用为例，用户作为应用中的实体，通过不同的关系关联在一起，如亲人关系、朋友关系及同事关系等，不同的关系又有不同的属性。对于这样的应用，使用图数据库进行数据存储就比较方便。

三、NewSQL 数据库的技术

NewSQL 是一类现代关系型的数据库，旨在为 NoSQL 的联机事务处理（OLTP）读写负载提供相同的可扩展性能，同时仍然提供事务的 ACID 特性。换言之，NewSQL 希望达到与 NoSQL 相同的可扩展性，又能保留关系模型和事务支持，使得应用可以执行大规模的并发事务，并使用 SQL 而不是特定的编程接口（API）来修改数据库的状态。NewSQL 结合了传统关系型数据库和灵活的 NoSQL 数据库的优点，可以预测 NewSQL 是未来数据库的发展方向。

基于 NewSQL 的定义，并根据 NewSQL 数据库的实现方式，可以将 NewSQL 数据库大致分为三类：第一类是使用全新的架构；第二类是重新实现数据分片基础架构，并在此基础上开发数据库中间件；第三类是来自云服务提供商的数据库即服务（DatabaseasaService，DBaaS），同样基于全新的架构。

（一）使用全新的架构

使用全新的架构意味着从一个全新的起点开始设计，摆脱原有系统的设计束缚。这个分类中所有的数据库都采用分布式架构，对无共享资源进行操作，并且包含多节点并发控制、基于复制的容错、流控制和分布式查询处理等组件。使用一个全新的、为分布式而设计的数据库的优点在于，系统所有的部分都可以针对多节点环境进行优化，包括查询优化、节点间通信协议优化等。另外，这一类数据库可以自我管理主存储，有的是在内存中，有的是在磁盘中。

数据库负责使用定制开发的引擎在其资源上分布数据，而不是依赖现成的分布式文件系统或存储结构，这使得数据库能够"向数据发送存储"，而不是"将存储带给查询"，意味着消耗更少的网络流量。因为跟传输数据相比，传输查询所需的网络流量要少得多。但是，新架构的 NewSQL 数据库的使用情况是呈下降趋势的，因为没有大规模的安装基础和实际生产环境的验证。

（二）实现、开发数据分片中间件

用户可以借助数据分片中间件将数据库划分为多个部分，并存储到由多个单节点机器组成的集群中。集群典型的架构是在每个节点上都安装一个组件来与中间件通信，这个组件负责代替中间件在数据库实例上执行查询并返回结果，最终由中间件整合。对应用来说，中间件就是一个逻辑上的数据库，应用和底层的数据库都不需要修改。使用数据分片中间件的核心优势在于，它们通常能够非常简单地替换原先使用单节点数据库的应用的数据库，并且开发者无需对应用做任何修改。

这类数据库采用的是面向磁盘存储架构，不能像新架构的 NewSQL 系统那样使用面向内存的存储管理和并发控制方案。中间件会导致在分片节点上执行复杂查询操作时出现冗余的查询计划和优化操作（即在中间件执行一次，在单节点上再执行一次），不过所有节点可以对每个查询使用局部的优化方法和策略。

（三）源于云服务的数据库即服务

云服务提供商的 NewSQL 方案是数据库即服务。通过云服务，用户不需要在自己的硬件设备上或者云端虚拟机上安装和维护数据库。数据库的提供商负责维护所有的数据库物理机及其配置，包括系统优化（如缓冲池调整）、复制以及备份等工作。DBaaS 交付给用户的只是一个连接数据库的统一资源定位符（URL），以及一个用于监控的仪表盘页面或者一组用于系统控制的 AH。

四、分布式存储和云存储的技术

大数据导致了数据量的爆发式增长，传统的集中式存储在容量上和性能上都无法较好地满足大数据的需求。因此，具有优秀的可扩展能力的分布式存储与云存储成为大数据存储的主流架构方式。分布式存储在性能、维护和容错等方面都具有不同程度的优势；云存储多采用普通的硬件设备作为基础设施，因此单位容量的存储成本也得到大大降低。

（一）分布式存储的技术

分布式存储系统需要解决的关键技术问题包括可扩展性、数据冗余性、数据一致性、缓存等。从架构上讲，分布式存储大体可以分为 C/S（Client/Server，客户机/服务器）架构和 P2P（Peer-to-Peer，端到端）架构两种。当然，也有一些分布式存储中会同时存在这两种架构方式。谈到分布式系统的设计，便会提及著名的 CAP 理论，该理论指出，一个分布式系统不可能同时保证一致性（Consistency）、可用性（Availability）和分区容错性（Partition tolerance）这三个要素。因此，一个分布式存储系统将根据其具体业务特征和具体需求，最大化地优化其中两个要素。当然，一个分布式存储系统往往会根据其业务的不同，在特性设计上做不同的取舍，比如是否需要缓存模块、是否支持通用文件系统接口等。

下面以经典的谷歌文件系统（Google File System，GFS）和海杜普（Hadoop）分布式文件系统（Hadoop Distributed File System，HDFS）为例，分析一个分布式文件系统的设计和实现。

（1）GFS。GFS 是 Google 公司为存储海量搜索数据而设计的可扩展的分布式文件系统。GFS 是构建在普通服务器之上的大型分布式系统，它将服务器故障视为正常现象，通过软件的方式自动容错，在保证系统可靠性和可用性的同时，大大降低系统的成本。

GFS 是 Google 分布式存储的基石，其他存储系统，如 Google Bigtable、

Google Megastore、Google Percolator 均直接或者间接地构建在 GFS 之上。GFS 将数据（Data）和元数据（Metadata）的存储分开，分别存放在分块服务器（Chunkserver）和主服务器（Master）上。其中分块服务器是分布式的，所有的数据块都通过简单的复制分布在多台分块服务器上；而主服务器则是单一节点，负责命名空间（Namespace）等元数据的存储和维护。客户端只有执行与元数据相关的操作时，才会与主服务器打交道，比如文件的打开、创建等操作；而所有与数据相关的操作，比如读、写操作，客户端只需要与分块服务器直接通信。这样的设计减轻了主服务器的负担，因此也成为分布式存储系统设计的一个重要范式。

（2）HDFS。HDFS 是一个经典的分布式文件系统，它提供了一个高度容错性和高吞吐量的大数据存储解决方案。大概可以认为，HDFS 是 GFS 的一个开源的简化版，二者因此有很多相似之处，但二者在关键点的设计上差异很大，HDFS 为了规避 GFS 的复杂度进行了很多简化。首先，GFS 允许文件被多次或者多个客户端同时打开以追加数据，而在 HDFS 中，文件只允许一次打开并追加数据，客户端先把所有数据写入本地的临时文件中，等到数据量达到一个块的大小（通常为 64MB），再将一个块的数据一次性写入 HDFS。其次，是主服务器单点故障的处理，GFS 中采用主从模式备份主服务器的系统元数据，当主服务器失效时，可以通过分布式选举备份机的方法接替主服务器继续对外提供服务；而 HDFS 主服务器的持久化数据只写入到本地（可能备份到本地的多个磁盘中），出现单点故障时则需要人工介入。最后是对快照的支持，GFS 通过内部采用写时复制原理（Copy-On-Write）的数据结构实现集群快照功能。

（二）云存储的技术

云存储是由第三方运营商提供的在线存储系统，比如面向个人用户的在线网盘和面向企业的文件或对象存储系统。云存储的运营商负责数据中心的部署、运营和维护等工作，将数据存储以服务的形式提供给客户，客户不需要自己搭建数据中心和基础架构，也不需要关心底层存储系统的管理和维护等工作，并且可以根据业务需求动态地扩大或减小其对存储容量的需求。

云存储背后的技术主要是分布式存储技术和存储虚拟化技术。存储虚拟化是通过抽象和封装底层存储系统的物理特性，将多个互相隔离的存储系统统一化为一个抽象的资源池的技术。

存储虚拟化技术主要分为 3 种：一是基于主机的虚拟化存储；二是基于网络的虚拟化；三是基于存储设备的虚拟化存储。通过存储虚拟化技术，用户数据可以实现逻辑上的分离、存储空间的精简配置等特性。总而言之，云存储通过集中统一地部署和管理存储系统，降低了数据存储的成本，从而降低了大数据行业的准入门槛。

第二节　大数据处理与计算技术

随着数据持续爆炸式的增长，仅仅对数据进行存储是远远不够的，还需要对其进行有效的处理和计算。

一、大数据分布式计算框架——Map Reduce

MapReduce一词来源于Google公司的杰弗里·迪安（Jeffrey Dean）和桑杰·格玛沃特（Sanjay Ghemawat）于2004年发表的一篇论文，该论文针对Google公司的核心业务——全网搜索引擎，包括网页的抓取、索引以及查询等功能，在面临海量原始输入数据的累积、纯粹高效的计算方法遭遇计算时间瓶颈时而提出的可行解决方案。MapReduce计算框架的提出，可以说是Google公司对自己所面临的挑战进行分析和总结后所做的一次天才的抽象。[①]

简单来说，MapReduce是一种分布式的计算框架，或者说是支持大数据批量处理的编程模型。MapReduce对于大规模数据的高效处理完全依赖于它的设计思想，其设计思想可以从以下三个层面来阐述，具体如下。

（1）大规模数据并行处理，即"分而治之"的思想。MapReduce借鉴了分治算法对问题实施的分而治之的策略，但前提是保证数据集的各个划分的处理过程是相同的，且相互独立，即任意两个数据块不存在依赖关系。这样采用合适的划分对输入数据集进行分片，每个分片交由一个节点处理，各节点之间的处理是并行进行的，一个节点不关心另一个节点的存在与操作，最后将各节点的中间运算结果进行排序、归并等操作以归约出最终处理结果。

（2）MapReduce编程模型。MapReduce计算框架的核心是MapReduce编程模型，其中Map（映射）和Reduce（归约）是借用自Lisp函数式编程语言的原语，同时也包含了从矢量编程语言里借来的特性，通过提供Map与Reduce两个基本函数而增加了自己的高层并行编程模型接口。Map操作主要负责对海量数据进行扫描、转换以及必要的处理过程，从而得到中间结果。中间结果通过必要的整理，最后将由Reduce函数来处理并输出最终结果。这就

[①] 赵刚．大数据：技术与应用实践指南 [M]．北京：电子工业出版社，2013．

是 MapReduce 对大规模数据处理过程的抽象。

（3）分布式运行时环境。MapReduce 的运行时环境实现了诸如集群中节点间通信、节点出错检测与失效恢复、节点数据存储与划分、任务调度以及负载均衡等底层相关的运行细则。这也使得编程人员更加关注应用问题与算法本身，而不必掌握底层的细节，就能将程序运行在分布式系统上。

MapReduce 计算框架假设用户需要处理的输入数据是一系列的键值对，在此基础上定义了两个基本函数：Map 函数和 Reduce 函数，业务逻辑的实现则需要提供这两个函数的具体编程实现。

二、Hadoop 处理平台及相关的生态系统

Hadoop 被公认为是一套行业大数据标准开源软件，是一个实现了 MapReduce 计算模式的能够对海量数据进行分布式处理的软件框架。Hadoop 计算框架最核心的设计是 HDFS 和 MapReduce。HDFS 实现了一个分布式的文件系统，MapReduce 则是提供一个计算模型。Hadoop 中 HDFS 具有高容错特性，同时它是基于 Java 语言开发的，这使得 Hadoop 可以部署在低廉的计算机集群中，并且不限于某个操作系统。Hadoop 中 HDFS 的数据管理能力，MapReduce 处理任务时的高效率，以及它的开源特性，使其在同类的分布式系统中大放异彩，并在众多行业和科研领域中被广泛采用。

Hadoop 的生态系统，主要由 HDFS、YARN、MapReduce、HBase、Zookeeper、Pig、Hive 等核心组件构成，另外还包括 Flume、Flink 等框架以用来与其他系统融合。

（一）HDFS

HDFS 是被设计成适合运行在通用硬件上的分布式文件系统。它和现有的分布式文件系统有很多共同点。但是，它和其他的分布式文件系统的区别也是很明显的。HDFS 是一个高度容错性的系统，适合部署在廉价的机器上。HDFS 能提供高吞吐量的数据访问，非常适合大规模数据集上的应用。

（二）Hadoop MapReduce

Hadoop MapReduce 是 Google MapReduce 计算框架的开源实现，基于它编写出来的应用程序能够运行在由上千个商用机器组成的大型集群上，并以一种可靠、容错的方式并行处理上 T 级别的数据集。一个 MapReduce 的过程大致可以分为以下几个阶段。

（1）Input split（输入分片）阶段。

（2）Map 阶段。

（3）Combiner（组合）阶段。

（4）Shuffle（输出）阶段。

（5）Reduce 阶段。

简而言之，一个 MapReduce 作业（job）通常会把输入的数据集切分为若干独立的数据块，由 Map 任务以完全并行的方式处理它们，框架会对 Map 的输出先进行排序，然后把结果输入给 Reduce 任务。通常作业的输入和输出都会被存储在文件系统中，整个框架负责任务的调度和监控，以及重新执行已经失败的任务。

（三）YARN

为从根本上解决旧的 MapReduce 框架性能瓶颈，促进 Hadoop 框架的更长远的发展，Hadoop 的 MapReduce 框架完全重构，发生了根本性的变化。新的 HadoopMapReduce 框架命名为 MapReduceV2 或者叫 YARN。YARN 主要由资源管理器（Resource Manager，RM）、节点管理器（Node Manager，NM）、应用实体（Application Master，AM）和容器（Container）等组件构成。具体来讲，各部分组件功能有以下几方面。

（1）资源管理器。资源管理器是一个全局的资源管理器，负责整个系统的资源管理和分配。它主要由两个组件构成：调度器（Scheduler）和应用程序管理器（Applications Manager，ASM）。其中调度器根据容量、队列等限制条件（如每个队列分配一定的资源，最多执行一定数量的作业等），将系统中的资源分配给各个正在运行的应用程序。调度器只负责调度，而不参与任何与具体应用程序相关的工作，具体工作均交由应用程序相关的应用实体完成。调度器的资源分配单位用一个抽象概念"资源容器"（Resource Container，简称 Container）表示，资源容器是一个动态资源分配单位，它将内存、CPU、磁盘、网络等资源封装在一起，从而限定每个任务使用的资源量。而应用程序管理器负责管理整个系统中所有应用程序，包括应用程序提交、与调度器协商资源以启动应用实体、监控应用实体运行状态并在失败时重新启动它。总体而言，资源管理器负责处理客户端请求、启动或监控应用实体、监控节点管理器以及资源的分配与调度。

（2）节点管理器。节点管理器是每个节点上的资源和任务管理器，一方面，它会定时地向资源管理器汇报本节点上的资源使用情况和各个容器的运行状态；另一方面，它接收并处理来自应用实体的容器启动或停止等各种请求。节点管理器提供针对集群中每个节点的服务，从对一个容器的终生管理到监视资源、跟踪节点健康等。

（3）应用实体。用户提交的每个应用程序均包含一个应用实体，它管理YARN内运行的每个应用程序实例，负责协调来自资源管理器的资源（用容器表示），将得到的任务进一步分配给内部的任务，与节点管理器通信以启动或停止任务，并通过节点管理器监视容器的执行和资源使用（CPU、内存等的资源分配），监控所有任务运行状态，并在任务运行失败时重新为任务申请资源以重启任务。

（4）容器。容器是YARN中的资源抽象，它封装了某个节点上的多维度资源，当应用实体向资源管理器申请资源时，资源管理器为应用实体返回的资源便是用容器表示的。YARN会为每个任务分配一个容器，且该任务只能使用该容器中描述的资源。

（四）HBase

HBase是基于列式存储的非关系型分布式数据库，它参考了谷歌的BigTable建模，实现的编程语言为Java。它是阿帕奇（Apache）软件基金会的Hadoop项目的一部分，运行于HDFS文件系统之上，为Hadoop提供类似于BigTable规模的服务。所以，它可以容错地存储海量稀疏的数据。在Hadoop生态系统中，HBase位于结构化存储层，HDFS为HBase提供了高可靠性的底层存储支持，Hadoop MapReduce为HBase提供了高性能的计算能力，Zookeeper为HBase提供了稳定服务。

1. HBase数据模型

HBase以表的方式存储数据。表是由行和列构成的，所有的列是从属于某一个列族的。行和列的交叉点称为数据单元（Cell），数据单元是版本化的，并且其内容是不可分割的字节数组。表的行键也是一段字节数组，所以任何东西都可以保存进去，不论是字符串还是数字。

2. HBase基础概念

行键（Row Key）：即表的主键。与NoSQL数据库一样，行键是用来检索记录的主键。要访问HBase表中的行，共有三种方式：一是通过单个行键访问问；二是通过行键的范围；三是通过全表扫描。进行存储时，数据按照行键的字典顺序存储。设计行键时，要充分排序存储这个特性，将经常一起读取的行存储放到一起。

列族（Column Family）：HBase 表中的每个列，都归属与某个列族。列族是表的模式的一部分（而列不是），必须在使用表之前定义。列名都以列族作为前缀。

数据单元（Cell）：由行键、列、版本号唯一确定的单元，数据单元中的数据是没有类型的，全部是字节码形式存储。

时间戳（Timestamp）：HBase 中每个数据单元都保存着同一份数据的多个版本，版本号则通过时间戳来索引。时间戳可以由 HBase 在数据写入时自动赋值，此时时间戳是精确到毫秒的当前系统时间；时间戳也可以由用户显式地赋值。如果应用程序要避免数据版本冲突，就必须自己生成具有唯一性的时间戳。每个数据单元中，不同版本的数据按照时间倒序排序，即最新的数据排在最前面。

3. HBase 适用场景

HBase 并不擅长传统的事务处理程序或关联分析，它也不能完全替代 MapReduce 过程中使用到的 HDFS。所以对 HBase 而言，使用之前要明确其适合的应用场景。以下列出的几个场景可以作为参考。

（1）成熟的数据分析主题，查询模式已经确立，并且不会轻易改变。

（2）传统的关系型数据库已经无法承受负荷，高速插入，大量读取。

（3）适合海量的，但同时也是简单的操作。

（五）Hive

Hive 诞生于脸书（Facebook）的日志分析需求，面对海量的结构化数据，Hive 以较低的成本完成了以往需要大规模数据库才能完成的任务。Hive 是基于 Hadoop 的一个数据仓库工具，可以将结构化的数据文件映射为一张数据库表，并提供简单的 SQL 查询功能，可以将 SQL 语句转换为 MapReduce 任务进行运行。其优点是学习成本低，可以通过类 SQL 语句快速实现简单的 MapReduce 统计，不必开发专门的 MapReduce 应用，十分适合数据仓库的统计分析。

Hive 提供了一系列的工具，可以用来进行数据提取、转化、加载（ETL），这是一种可以存储、查询和分析存储在 Hadoop 中的大规模数据的机制。Hive 定义了简单的类 SQL 查询语言，称为 HQL，它允许熟悉 SQL 的用户查询数据。

1. Hive 与关系数据库的区别

使用 Hive 的命令行接口，感觉很像操作关系数据库，但是 Hive 和关系数据库还是有很大的不同。由于 Hive 采用了类 SQL 的查询语言 HQL，因此很容易将 Hive 理解为数据库。其实从结构上来看，Hive 和数据库除了拥有类似的查询语言，再无类似之处。数据库可以用在在线应用中，但是 Hive 是为数据仓库设计的，清楚这一点，有助于从应用角度理解 Hive 的特性。以下四点是 Hive 与关系数据库的区别。

（1）Hive 和关系数据库存储文件的系统不同，Hive 使用的是 HDFS，而关系数据库则是服务器本地的文件系统。

（2）Hive 使用的计算模型是 MapReduce，而关系数据库则是自己设计的计算模型。

（3）关系数据库都是为实时查询的业务进行设计的，而 Hive 则是为海量数据做数据挖掘设计的。

（4）Hive 很容易扩展自己的存储能力和计算能力，这个是继承 Hadoop 的，而关系数据库在这方面要比 Hive 要差一些。

2. Hive 的基础架构

Hive 架构包括几个组件：CLI（命令行界面）、JDBC/ODBC（Java 数据库连接／开放数据库连接）、元数据服务、Thrift 服务、Web 图形用户界面、驱动器（包括编译器、优化器和执行器）。这些组件可以分为两大类：服务端组件和客户端组件。

服务端组件包括元数据服务、Thrift 服务和驱动器。元数据服务组件存储 Hive 的元数据，元数据对于 Hive 十分重要，因此 Hive 支持把元数据服务独立出来，安装到远程的服务器集群里，从而解耦 Hive 服务和元数据服务，保证 Hive 运行的健壮性。Thrift 服务是一个软件框架，它用来进行可扩展且跨语言的服务的开发，Hive 集成了该服务，能让不同的编程语言调用 Hive 的接口。驱动器组件包括编译器、优化器和执行器，它的作用是将 HQL 语句进行解析、编译优化，生成执行计划，然后调用底层的 MapReduce 计算框架。

客户端组件包括 CLI（命令行界面）、Client（客户端）和 Web 图形用户界面。CLI 启动时，会同时启动一个 Hive 副本。Client 是 Hive 的客户端，帮助用户连接至 Hive 服务器，在启动 Client 模式时，需要指出 Hive 服务器所在的节点，并且在该节点启动 Hive 服务器。Web 图形用户界面是指通过浏览器的方式访问 Hive。

三、Spark 计算框架及相关的生态系统

Spark 发源于美国加州大学伯克利分校的 AMP 实验室，现今，Spark 已发展成为 Apache 软件基金会旗下的著名开源项目。Spark 是一个基于内存计算的大数据并行计算框架，从多迭代的批量处理出发，包含了数据库、流处理和图运算等多种计算范式，提高了大数据环境下的数据处理实时性，同时保证高容错性和可伸缩性。Spark 是一个正在快速成长的开源集群计算系统，Spark 生态系统中的软件包和框架日益丰富，使得 Spark 能够进行高级数据分析。[①]

（一）Spark 的优秀特性

作为一个面向大数据的并行计算框架，Spark 具有很多优秀的特性。

（1）快速处理能力。随着实时大数据的应用要求越来越多，Hadoop MapReduce 将中间输出结果存储在 HDFS，但读写 HDFS 造成磁盘 I/O 频繁的方式已不能满足这类需求。而 Spark 将执行工作流抽象为通用的有向无环图执行计划，可以将多任务并行或者串联执行，将中间输出结果存储在内存中，无需输出到 HDFS 中，避免了大量的磁盘 I/O。

（2）易于使用。Spark 支持 Java、Scala、Python 和 R 等语言，允许在 Scala、Python 和 R 中进行交互式的查询，大大降低了开发门槛。此外，为了适应程序员业务逻辑代码调用 SQL 的模式、围绕数据库+应用的架构工作的方式，Spark 支持 SQL 及 Hive SQL 对数据进行查询。

（3）支持流式运算。与 MapReduce 只能处理离线数据相比，Spark 还支持实时的流运算。可以实现高吞吐量的、具备容错机制的实时流数据的处理。从数据源获取数据之后，可以使用诸如 Map、Reduce 和 Join 等高级函数进行复杂算法的处理，最后还可以将处理结果存储到文件系统、数据库中，或者作为数据源输出到下一个处理节点。

（4）丰富的数据源支持。Spark 除了可以运行在当下的 YARN 集群管理之外，还可以读取 Hive、HBase、HDFS 以及几乎所有的 Hadoop 数据。这一特性让用户可以轻易迁移已有的持久化层数据。

（二）Spark 生态系统 BDAS 的内容

BDAS 涵盖 4 个官方子模块，有 Spark SQL、Spark Streaming、机器学习库 MLlib 和图计算库 Graphx 等子项目，这些子项目在 Spark 上层提供了更高层、更丰富的计算范式。可见 Spark 专注于数据的计算，而数据的存储在生产环境

---

① 赵勇. 架构大数据：大数据技术及算法解析 [M]. 北京：电子工业出版社，2015.

中往往还是由 Hadoop 分布式文件系统 HDFS 承担。

以下是对 BDAS 的各个子项目的简要介绍。

（1）Spark。Spark 是整个 BDAS 的核心组件，是一个大数据分布式编程框架，不仅实现了 MapReduce 的算子 Map 函数和 Reduce 函数及其计算模型，还提供更为丰富的数据操作。Spark 将分布式数据抽象为弹性分布式数据（RDD），实现了应用任务调度、远程过程调用（RPC）、序列化和压缩等功能，并为运行在其上的上层组件提供 API。其底层采用 Scala 函数式语言书写而成，并且所提供的 API 深度借鉴 Scala 函数式的编程思想，提供与 Scala 类似的编程接口。Spark 将数据在分布式环境下分区，然后将作业转化为 DAG，并分阶段进行 DAG 的调度和任务的分布式并行处理。

（2）Spark SQL。Spark SQL 的前身是 SPark，是伯克利实验室 Spark 生态环境的组件之一。它修改了 Hive 的内存管理、物理计划、执行三个模块，并使之能运行在 Spark 引擎上，从而使得 SQL 查询的速度得到 10～100 倍的提升。随着 Spark 的发展，Shark 对于 Hive 的太多依赖（如采用 Hive 的语法解析器、查询优化器等），制约了 Spark 的"一栈式管理所有"的既定方针，制约了 Spark 各个组件的相互集成，所以出现了 Spark SQL 项目。

相比 SPark，Spark SQL 主要有以下几个特点。

兼容性方面：不但兼容 Hive，还可以从 HDD 等文件中获取数据，未来版本甚至支持获取关系型数据库数据以及 NoSQL 数据。

性能优化方面：除了采取内存中列存储、字节码生成等优化技术外，还将用代价模型对查询进行动态评估、获取最佳物理计划等。

组件扩展方面：无论是 SQL 的语法解析器、分析器还是优化器都可以重新定义，进行扩展。

（3）Spark Streaming。Spark Streaming 是一种构建在 Spark 上的实时计算框架，它扩展了 Spark 处理大规模流式数据的能力，提供了一套高效、可容错的准实时大规模流式处理框架，它能和批处理及即时查询放在同一个软件中，降低学习成本。

（4）GraphX。GraphX 是一个分布式图处理框架，它是基于 Spark 平台提供对图计算和图挖掘的、简洁易用且丰富的接口，极大地方便了对分布式图处理的需求。图的分布式或者并行处理其实是把图拆分成很多的子图，然后分别对这些子图进行计算，计算的时候可以分别迭代进行分阶段的计算。对图视图的所有操作，最终都会转换成其关联的表视图的 RDD 操作来完成，在逻辑上，等价于一系列 RDD 的转换过程。GmphX 的特点是离线计算、批量处理、基于同步的整体同步并行计算模型（BSP），这样的优势在于可以提升数据处理的吞吐量和规模。

（5）MLlib。MLlib是构建在Spark上的分布式机器学习库，它充分利用Spark的内存计算和适合迭代型计算的优势，将性能大幅度提升，让大规模的机器学习的算法开发不再复杂。

第三节　流式大数据处理技术

Hadoop等大数据的解决方案解决了当今大部分对于大数据的处理需求，但对于某些实时性要求很高的数据处理系统，Hadoop则无能为力。对实时交互处理的需求催生了一个概念——流式大数据，对其进行处理计算的方式则称为流计算。

一、流式大数据简述

（一）流式数据的概念

所谓流式数据，是指由多个数据源持续生成的数据，通常也同时以数据记录的形式发送，规模较小（约几千字节）。可以这样理解，需要处理的输入数据并不存储在磁盘或内存中，它们以一个或多个"连续数据流"的形式到达，即数据像水一样连续不断地流过。

流式数据包括多种数据，如Web应用程序生成的日志文件、网购数据、游戏内玩家活动、社交网站信息、金融交易大厅、地理空间服务等以及来自数据中心内所连接设备或仪器的遥测数据。流式数据的主要特点是数据源非常多、持续生成、单个数据规模小。

（二）流计算处理的基本流程

对于一个基本的流式应用系统而言，其基本的处理流程主要分为数据采集、数据处理、数据存储及服务几个阶段。相比于其他数据处理系统，流计算的这几个阶段一般都是实时的。

（1）数据采集。流式数据有一个非常重要的特点就是"数据连续不断"。数据要进行处理，则需要将数据分割成单个的序列。在流式处理中，通常会把每个单独分开的数据序列称为元组或者消息。目前较为流行的消息系统有Linkedin的Kafka，作为一个开源的分布式消息系统，Kafka能实现数据接收并转换成一个个消息发送给流数据框架进行处理。

（2）数据处理。在对数据进行相应的切分之后，数据流入了处理模块，大部分的框架都允许对数据进行转换、连接、聚合以及窗口化操作。流式数据处理和批数据处理的不同之处有两点，第一，流数据是源源不断的，也就是内部处理的框架是处于循环往复的状态，直到机器停止或者意外终止为止；而批处理在处理完指定的批量数据后就会停止，等重新启动新的任务才会继续执行。第二，流式处理中对于数据的产生时间是比较敏感的，大部分应用都可能要求依据数据产生时间的先后来进行处理，比如趋势预测、日志实时分析等。

（3）数据存储及服务。当数据经过运算之后，产生的结果需要流向用户指定的渠道，并能带来更加实用性的价值，这取决于应用场景。一般而言，流计算的第三个阶段是实时查询服务，经由流计算框架得出的结果可供用户进行实时查询、展示或存储。[①]

除了上述讲到的基本流程外，流计算框架还需要考虑消息的可靠性，框架的容错性、可扩展性、安全性、实时性和低延迟等方面。

二、流式大数据的处理框架

随着大数据技术的不断发展成熟，流式大数据处理也逐渐发展出了相对稳定且性能高效的框架。

（一）Storm

Storm 是一个免费开源的、高可靠性的、可容错的分布式实时计算系统。利用 Storm 可以很容易做到可靠地处理无限的数据流，像 Hadoop 批量处理大数据一样，Storm 可以进行实时数据处理。Storm 可以应用在很多场景中，如实时分析、在线机器学习、连续计算、分布式远程方法调用（DRPC）等。

Storm 是非常快速的处理系统，根据官方提供的数据，在一个节点上，Storm 每秒钟能处理超过 100 万个元组数据。Storm 有着非常良好的可扩展性和容错性，能保证数据一定被处理，并且 Storm 提供了非常方便的编程接口，使得开发者能很容易上手，进行设置和开发。

1. Storm 抽象模型

Storm 对整个流处理过程进行高度抽象，利用拓扑来表示实时处理数据中的一个逻辑抽象。Storm 中的拓扑抽象模型包含两种不同的节点：Spout 节点和

[①] 何克晶，阳义南. 大数据前沿技术与应用 [M]. 广州：华南理工大学出版社，2017.

Bolt 节点，而连接这两种节点的连线被称为元组。在 Storm 中，一个元组可以包含多个包括整行、字节、字符串、浮点数以及数组等在内的数据类型。

此外，可以自定义可序列化的元组来满足所需要表示的内容。Spout 是数据接收节点，负责读取元组，并将读取的元组发送到拓扑内部进行处理。而 Bolt 是数据处理节点，用户可以在 Bolt 中进行过滤、聚合、连接等操作，并且在处理完成之后，Bolt 可以将数据流传输给其他的 Bolt 或者直接存储到数据库中。单个 Bolt 能进行简单的数据流转换，而复杂的数据流转换操作一般需要经过多个步骤且涉及多个 Bolt。

当一个拓扑部署到一个集群中之后，Spout 节点负责监听外部数据源，并将接收到的数据通过相应的函数传送到拓扑内部，由拓扑来负责将数据发送给相应的 Bolt 节点去处理。Bolt 节点处理之后，可以选择将数据流发送给其他的 Bolt 或者持久化到存储系统中。这里 Strom 提供了多种不同的数据流分组，用户可以自行定义，哪些数据流该传递给哪些 Bolt 来处理。常见的分组有随机分组（随机分配给不同的 Bolt，能有效地确保集群的负载均衡）、域分组（根据元组中指定的"域"来进行分组，包含相同域的元组会被分发到相同的 Bolt 中去）等。

2. Storm 架构设计

当一个 Storm 集群启动时，集群会启动两种不同类型的节点：主节点（Master Node）和工作节点（Worker Node），集群由一个主节点和多个工作节点组成。主节点上运行一个叫"Nimbus"的守护进程，类似于 Hadoop 的"Job Tracker"，Nimbus 负责向集群分发代码，给集群中的机器指派任务和监视运行失败的任务。而在每一个工作节点上也会运行一个守护进程，叫"Supervisor"，Supervisor 的主要任务是监听 Nimbus 指派到本节点的任务，根据 Nimbus 的指派信息，Supervisor 决定启动或者停止工作进程。每个工作进程执行一个拓扑的子集，可以负责一个或者多个 Spout/Bolt 逻辑节点的任务。也就是说，实际编写关于 Spout 或者 Bolt 中的代码就是运行在这些工作进程上。一个运行中的拓扑通常是由多个运行在不同机器上的工作进程协作完成的。

Storm 上的状态都是存储在 ZooKeeper 上的。Storm 利用 Zookeeper 来进行集群管理、任务分配、状态存储等，这样的设计使得 Storm 集群十分健壮，运行时即使某个节点出现异常，Storm 都能快速重启该节点并从 ZooKeeper 获取状态信息，从而使得节点能重新工作。整个 Storm 主要由 Nimbus、ZooKeeper 和 Supervisor 这三大组件组成。

3. Storm 的特性

Storm 有着一些非常优秀的特性。

首先，Storm 编程简单。与 Hadoop 类似，Storm 提供的编程原语非常简单，开发人员只要关注应用逻辑即可。此外，Storm 支持多种编程语言，除了用 java 开发之外，你可以使用其他语言来进行代码编写，如 Ruby 和 Python。Storm 内部实现了一个多语言协议，允许 Spout 和 Bolt 使用标准输入和标准输出来进行消息传递。

其次，支持水平扩展。随着业务的发展，数据量和计算量也会随之变大，所以可扩展性是软件架构选择的一个非常重要的指标。在集群上并行计算是 Storm 拓扑的固有属性，拓扑的每一个部分可以在多台机器上同时运行，并且 Storm 也提供了"rebalance"命令用于重新调整拓扑的并行度。

再次，消息可靠性保证。在前文中提到 Spout 可以提供可靠性的消息处理机制。当一个元组由 Spout 发送出去之后，为了保证 Spout 的可靠性，此时会在元组中携带一个消息 ID，Spout 接口中的 ack 和 fail 方法分别会在元组被处理成功或被处理失败时被调用，通过消息 ID 可以获知某个元组是否被成功处理。不仅如此，每个拓扑都会有一个"消息延时"的参数，如果 Storm 在指定的时间内没有检测到消息处理成功，那么该元组会被标记为失败并重新发送。

最后，容错性强。消息的可靠性在一定程度上保证了 Storm 在任务级别的容错性。此外，如果节点中的工作进程意外终止，则 Storm 工作节点上的守护进程 Supervisor 会尝试重启这个进程，当多次尝试之后仍然无法重启，则主节点上的守护进程 Nimbus 会将该工作进程重新分配到其他机器上。值得一提的是，守护进程 Nimbus 和 Supervisor 本身的设计为快速失败和无状态的，并且在集群配置中，这两个守护进程实际是在后台监控工具的监控下运行的。所以，如果这两个守护进程意外终止的话，他们会静默地自动重启，从而保证一个处理逻辑一直运行。

（二）Spark Streaming

Spark Streaming 是 Spark 框架上的一个扩展，主要用于 Spark 上的实时流式数据处理。Spark Streaming 具有可扩展性、高吞吐量、可容错性等特点，是目前比较流行的流式数据处理框架之一。在 Spark 出现之前，构建一个包括流处理、批处理，甚至具有机器学习能力的复杂系统是非常难的，用户需要借助多方的开源系统，除了不同的编程模型开发，管理和维护多个框架的成本投入地很大，导致一些公司望而却步。Spark 统一了编程模型和处理引擎，使这一切的处理流程非常简单。

1. Spark Streaming 抽象模型

Spark Streaming 对于数据流处理提供了非常高层的逻辑抽象，在 Spark Streaming 内部，最重要的抽象就是离散流（Discretized Stream，简称 DStream）。DStream 既可以由 Kafka、Flume 等源获取的输入流生成，也可以在其他的 DStream 的基础上进行高阶计算获得。在内部，DStream 是由一系列的 RDD 组成，且每个 RDD 都包含确定时间间隔内的数据。任何对于 DStream 的操作都会转换为对于包含在该流中的 RDD 进行操作。通过 Spark 内部引擎计算这些隐含 RDD，DStreams 操作隐藏了大部分的细节，并且为开发者提供了更加便捷、更高效的 API。

2. Spark Streaming 数据处理

当启动一个 Spark Streaming 应用时，必须先初始化一个称为 StreamingContext 的对象，创建该对象需要两个参数，一个参数是 SparkConf 实例对象，另一个参数是批处理的间隔时间，用于表示流数据被分割的时间间隔。Spark Streaming 会将连续的数据流切分成批数据，然后再传进内部处理。批处理时间间隔的设定会影响 Spark Streaming 提交作业的频率和数据处理的延迟，同时也影响系统的吞吐量和性能。当一个 StreamingContext 定义之后，在启动之前，你需要设定数据源，Spark Streaming 需要知道从哪里接收数据，如从 Kafka、Flume 等地方获取数据。启动之后，数据开始接收并不断地传入 Spark Streaming 的内部交由 Spark 引擎来处理。Spark Streaming 也提供了非常丰富的数据处理操作，由于 Spark Streaming 的抽象操作主要是针对 DStream 的，而对于 DStream 的操作，则是转化为对其内部的弹性分布式数据集进行操作。主要包括三种类型的操作：转换操作、窗口化操作和输出操作。

3. Spark Streaming 的特性

Sparking Streaming 同样也有着一些非常优秀的特性，具体如下所示。

（1）消息接收的可靠性。Spark Streaming 程序需要不断接收新的数据，然后进行业务逻辑处理。用于接收数据的接收端是整个流式处理的起点，在数据源发出数据、接收端正确接收数据之后，Spark Streaming 接收端要向数据源发送一个确认信号，表明当前的数据已经被正确接收，保证了消息接收的可靠性。

（2）持久化操作。和 RDD 相似，DStream 也允许开发者将数据流持久化到内存中，使用持久化方法会自动将一个 DStream 中的所有 RDD 持久化在内存中，这对于一个需要多次计算的 DStream 而言，是非常有用的方法。在 Spark Streaming 中，基于窗口的操作和基于状态的操作默认是持久化的，不需要开发者调用持久化方法。对于通过网络获取的输入数据流而言，默认的持久化级别是将数据复制到两个节点中。

（3）较好的容错性。一个流式应用必须全天候 24 小时地运行，为了实现更好的容错性，能弹性地处理一些运行时与应用逻辑无关的故障，Spark Streaming 会设置检查点，检查点会将足够用于错误恢复的信息存储到容错系统中。使用检查点的 RDD 会导致额外的存储开销，这将会导致运行处理数据的时间增加。因此，在设置检查点的时间间隔时，需要根据实际的情况设计合理的时间间隔。

三、流式大数据处理框架的应用

当前较为流行的大数据处理框架都是针对批处理模式的，而流式处理框架的出现，将能为实时数据处理提供更好的支持。在一些特殊的行业，如新闻、股票、商务等领域，大部分数据的价值是随着时间的流逝而逐渐降低的，所以很多业务场景要求数据在出现之后必须尽快处理，而不是采取缓存成批数据再统一处理的模式，流式处理框架为这一需求提供了有力的支持。

流式大数据比较典型的一个应用场景就是日志分析。对于很多系统而言，日志分析对于系统调试、异常定位、安全防护、用户行为分析等方面都具有很大的用处。其中对于安全防护而言，如果能在攻击发起时，就尽快检测出异常行为，进而提醒运维人员进行防御，就能更快地定位问题且最大化地减少损失。流式分析能为这一个应用场景提供框架支持，允许用户设置在接受到新的数据（日志）时，就马上进行分析处理。大部分的流式处理框架还具备状态管理的功能，新的数据到来，可以更新已有的状态或者生成新的状态。

腾讯应急安全中心基于 Storm 开发了一套公共网关接口（CGI）采集与清理系统（Storm-CGI）。CGI 好比 Web 漏洞扫描器的眼睛，只有 CGI 更全更准，Web 漏洞扫描器才能更好地找到漏洞，为业务的 Web 安全保驾护航。Storm-CGI 能从大量的数据中实时地采集出海量的 CGI 数据，并通过合法性过滤、Rewrite 过滤、HTTP 探测过滤，最终得到准确的 CGI 数据，供 Web 漏洞扫描器做安全漏洞扫描。

第三章 云计算理论与相关概念认知

云计算已经成为全球信息通讯技术（Information Communication Technology，ICT）产业界公认的发展重点。国际 ICT 产业巨头加快技术研发、企业转型和联盟合作以抢占云计算发展的主导权和新兴市场空间。我国在云计算领域已具备了一定的技术和产业基础，并拥有巨大的潜在市场空间。权威 IT 机构预测未来几年，绝大多数企业会采纳云计算。因此，认识和应用云计算成为企业把握市场机会的关键。云计算是信息产业服务化的集中体现，其本质是面向服务的商业模式创新。那些能够充分理解客户需求并不断进行业务创新的云计算企业将成为产业发展的领导者。阿里巴巴、浪潮、华为、曙光等公司纷纷加入云计算市场，推出符合市场需求的产品。伴随着国际云计算巨头的加入以及本土云计算企业的崛起，中国的云计算服务正在逐渐从本土化竞争迈向国际化竞争，从而以更高的水平、更好的服务推动中国经济社会的变革。本章重点探讨云计算基础知识，云计算与网格计算，云计算与物联网、移动互联网以及云计算与"互联网+"。

第一节 云计算基础知识

一、云计算的概念与发展

云计算的目标是形成计算资源的"自来水"式服务模式。其最高境界是把计算资源（包括它承载的信息资源）做成如自来水厂提供的水、煤气公司提供的煤气、发电厂提供的电一样，只要打开开关，计算资源就会像这些生活资源一样源源不断地进入家庭、办公室和厂房，成为人类生产和生活不可缺少的一部分。

（一）云计算的概念

早期的一个通用且概括的简单概念：云计算是指任何能够通过有线或无线网络提供计算和存储服务（如 SaaS/XaaS，托管与非托管方式）的设施和系统。[①]

高德纳（Gartner）咨询公司给出的概念为云计算是一种计算方式，即利用互联网技术和大规模的 IT 计算能力，以"服务"的形式提供给外部客户。

网格计算之父伊安·福斯特（Ian Foster）给出的云计算概念：云计算是一种大规模的分布式计算机制，由规模经济效应驱动，可根据用户需求通过互联网提供抽象的、虚拟的、可动态伸缩的计算能力、存储容量、平台和服务。

IBM 阐述了对云计算的概念：云计算是一种计算模式，在这种模式中，应用、数据和 IT 资源以服务的方式通过网络提供给用户使用；云计算也是一种基础架构管理的方法论，大量的计算资源组成 IT 资源池，用于动态创建高度虚拟化的资源以供用户使用。IBM 将云计算看作一个虚拟化的计算机资源池。

综上所述，云计算的核心是可以自我维护和管理的虚拟计算资源，通常是一些大型服务器集群，包括计算服务器、存储服务器和宽带资源等。云计算将计算资源集中起来，并通过专门软件实现自动管理，人为参与。用户可以动态申请部分资源，支持各种应用程序的运转，无需为烦琐的细节而烦恼，能够更加专注于自己的业务，有利于提高效率、降低成本和技术创新。

（二）云计算的发展

20 世纪 90 年代以来，云计算曾经有两次尝试着地进行发展。第一次云计算尝试是甲骨文公司（Oracle）创始人拉里·埃里森（Larry Ellison）于 1996 年创立的网络计算机（Network Computer）公司，开发和生产网络计算机。因为当时整体条件不够成熟，Network Computer 公司不得不放弃原有业务。第二次云计算尝试是从互联网服务提供商发展而来的应用服务提供商。应用服务提供商在远程主机上部署、治理、维护应用程序，并通过广域网向远端客户提供软件计算能力，如 Exodus 曾经是应用服务提供商，但遗憾的是最后以失败告终。而网景通信公司（Netscape）创始人马克·安德森（Marc Andreessen）的 Loud Cloud 最终转向电信软件业务。

现在的云计算正向有助于实现像用水电一样使用 ICT 资源的目标进展，如今各种企业单位、学术机构、独立个体等各类用户通过各种终端进入按量计费的行业模式，大致分为私有云和公有云两种简化的服务接口。

[①] 汤兵勇. 云计算概论：基础、技术、商务、应用. 第 2 版 [M]. 北京：化学工业出版社，2016.

二、云计算的特性及类型

（一）云计算的特性

美国国家标准和技术研究院提出了云计算的五个基本特性。

（1）按需分配的自助服务，消费者可以在需要的时候，不必与服务提供商接触，其单方面地自动提供计算能力，比如服务器时间、网络和存储。

（2）宽带网络访问，用户通过基于网络的标准机制访问计算能力，这些标准机制提倡使用各种异构的胖/瘦客户端（移动电话、平板电脑、笔记本和个人工作站）。

（3）资源池化，服务提供商的资源使用多租户模式，服务多个消费者，依据用户的需求，不同的物理和虚拟资源被动态的分配和再分配。同时还有位置无关的特性，用户通常不能掌控或者了解资源的具体物理位置，不过用户可以在更高层次的抽象层指定位置（国家、省，或者数据中心）。典型的资源包括存储、处理、内存和网络带宽。

（4）快速弹性，弹性地提供或者释放计算能力，以快速伸缩匹配等量的需求，在某些情况下，这种伸缩是自动的。对消费者来说，这种可分配的计算能力通常显得几乎无限，并且可以在任何时候自助任何数量。

（5）可评测的服务，通过利用与服务匹配的抽象层次的计量能力（比如存储、处理、带宽和活跃用户账号数），云系统自动控制和优化资源的使用。资源使用可以被监视、控制和报告，提供透明度给服务提供商和服务使用者。

（二）云计算的类型

云计算类型按照部署方式进行划分，分为私有云、公有云、社区云，混合云四种。

（1）私有云设施专属于某个组织。这个组织内部存在不同的业务部门。这类云设施可以由该组织或第三方，或者是两者结合形成共同体所共同享有和管理，可以部署在组织中，也可以不在其中。

（2）公有云设施对公众开放。拥有这类云设施的主要有商业机构、学校、政府管理部门，或者是他们的结合体等。

（3）社区云设施由一个独具特色的社区所拥有，这个社区的组织者有共同目标，共同要求，或者出于政策考虑而结合在一起。管理和运行社区云，可以是社区中的一个或多个组织，也可以是第三方或者是上述几者组成的联合体。社区云可以物理部署在该社区的房产中。

（4）混合云。由私有云、社区云和公有云中任意两个结合在一起所组成的混合体。混合云中其他云设施保持各自独立状态，借助私有或规范化技术，云中数据可以在混合云中自由流动。

第二节　云计算与网格计算

一、网格计算简述

网格计算指的并不是物理上存在的一种资源，而是一种理论框架，并不是实际存在的。网格计算的运行原理是利用分散在各个管理区域内的资源完成计算任务。这种技术的突出点在于可以满足管理区域之外的计算资源需求。网格和互联网的演化一样，都是为了应对大型计算的需求。互联网是为了满足各大型计算中心之间的普通通信需求而开发的。这些通信连接不仅实现了计算中心之间的资源和信息共享，并最终为额外用户提供了访问。[①]

欧洲核子研究组织（the European Organization for Nuclear Research，CERN）把网格计算定义为"通过互联网来共享强大的计算能力和数据储存能力。"网格计算通过利用大量异构计算机（通常为桌面）的未用资源（CPU周期和磁盘存储），将其作为嵌入在分布式电信基础设施中的一个虚拟的计算机集群，为解决大规模的计算问题提供了一个模型。区别于传统的计算机集群或分布式计算，网格计算侧重于支持跨管理域计算的能力。

网格计算主要有两个目标。

（1）网格计算可以解决单一的超级计算机难以解决的问题，还可以使各个较小的部分保持灵活性。因此，网格计算可以供多个用户共同使用。

（2）利用自身计算能力满足大型计算练习非连续性要求。

共享异构资源的基础是不同平台、硬件或软件系统以及计算机语言等，网格计算将其包括在内，这些资源所处位置不同，也在不同的管理区域内，但同样都是公开的，即虚拟化的计算资源。

网格计算基于功能，可以分为两类：一是计算网格。二是数据网格。网格计算在企业内外部迅速发展，发挥其计算价值，具体如下所示。

（1）外部网格（External grids）。网格计算受到分布在全球非营利性质研

[①] 王燕，张文博，徐继伟等. 云环境下基于统计监测的分布式软件系统故障检测技术研究[J]. 计算机学报，2017，40（2）：397-413.

究机构的欢迎，比如生物学和医学信息学研究网格。

（2）内部网格（Internal grids）。网格计算适用于有着复杂计算问题的商业公司，他们的最终目标是使企业内部计算能力达到最佳。

全球网格论坛（GGF）对网格计算的发展提出了规范性要求。这些标准是 Globus 联盟利用 Globus 工具实现的，这个工具已经成为网格中间件的标准。此外，全球网格论坛还提供其他工具，可以使网格计算平台拥有更加丰富的内容，满足更高计算要求。

2000 年以来商业机构开始提供网格计算服务，网格计算为重大挑战性问题（Grand Challenge problem）提供解决方案，如金融建模、地震建模等。对于如何更好地使用信息技术资源，网格也提供了参考；网格还以公共事业机构身份，为商业和非商业客户提供信息技术方法，而客户只为对自己有用的服务买单。到目前为止，可以提供网格计算服务的主要有 IBM、Sun、惠普等少数商业公司。

二、云计算与网格技术之间的互补

有人认为，云计算与网格技术的互补关系为：云计算主要解决计算力和存储空间的集中共享使用问题，而网格技术主要解决分布在不同机构的各种信息资源的共享问题。二者最终会结合在一起，未来云计算将会被定义为云格（Gloud=Grid+Cloud）。

实现云计算与网格技术相结合，必须要以面向服务，在面向服务的构架（Service Oriented Architecture，SOA）基础上。SOA 最早是 Gartner 公司于 1996 年提出来的，业务建模是 SOA 的本质属性，所提供的信息技术都被包装成服务，而业务间所有的操作问题，都是用服务的形式解决。

当前，根据万维网服务（Web Services）规范，网格技术和云计算都是符合标准的。实现 SOA 机制之一的是 Web Services，借助可扩展标记语言（XML）语言，可以对此应用的接口和绑定进行定义和描述。此外，其还可以通过互联网基础上 XML 消息协议和其他软件直接相连。Web Services 因其简单、规范，可以在不同平台之间使用以及脱离于厂商而受到大众欢迎，其所提供的服务是多层次的。

SOA 框架为网格服务和云计算以及 Web Services 服务提供了一个自由发展的平台。在此平台上，用户只需要挑选对自己有用的服务即可，无论是数据处理还是计算服务，完全由客户根据自己的需要进行选择。

第三节　云计算与物联网、移动互联网

一、云计算和物联网

（一）物联网

物联网（the Internet of Things）即物物相连的互联网。物联网通过把大量分散的射频识别（RFID）、传感器、GPS、激光扫描器等设备装备到电网、铁路、桥梁、隧道、公路、建筑、供水系统、大坝、油气管道以及家用电器等各种真实物体上，通过互联网连接起来，进而运行特定的程序，把感知的信息通过互联网传输到特定的处理设施上进行智能化处理，完成识别、定位、跟踪、监控和管理等工作，达到远程控制或者实现物与物的直接通信。物联网给物体赋予"智能"，可实现人与物体的沟通和对话，也可以实现物体与物体间的沟通和对话。国际电联报告提出，物联网四个关键应用技术是 RFID、传感器、智能技术和纳米技术。

对象的智能控制、标签以及对象跟踪、环境监控是物联网的基本应用模式。物联网的应用领域覆盖面较广，包括运输和物流、个人和社会、健康医疗等，其中工厂、家庭和办公在内的智能环境，也是物联网的应用领域。因此，物联网的应用和市场的未来前景非常可期，比如车载 GPS 导航，把车联入一个网络中。大城市里公路上的路况指示牌，后端也是物联网。指示牌之所以会知道哪里比较通畅（绿色）、哪里拥挤（黄色）、哪里堵塞（红色），就是因为在公路上装备了诸多测速感知器。这些感知器通过测量过往汽车的速度，并回传数据，从而在指示牌上输出了交通状况。

物联网的四大组成部分：感应识别、网络传输、管理服务和综合应用。其中网络传输和管理服务会用到云计算，特别是"管理服务"这一项，因其有海量的数据存储和计算要求，使用云计算可能是最经济实用的一种方式。因此，云计算可为物联网提供支撑平台。物联网依赖于智能网络、以云计算平台为支撑，运用传感器网络获取数据，并以此进行决策判断，进而改变对象行为，以实现反馈和控制的目的。

云计算技术是物联网"后端"的关键技术支撑。然而，现有的云计算技术尚无法实现实时感应、高度并发，包括涌现效应特征和自助协同在内的"后端"需求，目前还无法满足。所以，现有的云服务计算包括网格以及 Web2.0 在内的工作基础，要解决由高并发事件所驱动的应用自动关联问题、解决智能协作问题，必须将信息处理设施进行优化，将其整体架构升级，以形成更高配置的物联网"后端"，避免过早地建立过于庞大和理想化的体系，会难以形成全面互联互通的物联网智能应用网络，而应该重视典型应用和价值牵引的作用。

（二）云计算+物联网

IBM推动的"智慧地球"，即云计算+物联网。该"智慧地球"的核心应用在于将带来一种更加具有智慧的方法，即基于更新换代的全新信息技术，使公司和人们之间相互交互方式得以更新，以提高其明确性、灵活性，加快交互的速率和响应效率。"智慧地球"将基础设施进行高度整合，再与信息基础架构进行完美结合，以便企业和人们可以在做出决策时更加明智。"智慧地球"的方法主要有以下三个特征。

（1）运用"智慧地球"方法，其感知比传统的如数码相机、传感器和RFID等设备更加透彻，更加广泛。也就是说，只要能够实时进行感知信息，进行测量和捕获以及进一步执行信息传递设备，或者具有此特点的系统或流程，都可以为"智慧地球"所用。

（2）运用"智慧地球"方法，可以实现广泛覆盖的互联互通。利用高度高带宽的各种网络工具和通信工具，把人们的电子设备或者由组织信息系统所收集、储存的原本分散的信息和数据进行连接，在此基础上进行交互和实现多方信息共享，实时监控环境和企业的业务状况，分析全局形式，解决实时问题。"智慧地球"方法通过由多方共同协作、合作，远程完成工作和任务，使世界运作方式发生天翻地覆的变化。

（3）运用"智慧地球"的方法，可以将收集到的数据进行更加深入化和智能化地处理和分析。在解决特定问题时，通过获取更加优化的结果获得帮助，意味着需要运用更加先进的技术处理和分析繁复数据，并进行汇总和计算。例如，运用数据发掘工具和分析工具、强大的运算系统和先进的科学模型等，将海量、复杂，来自各个职能部门和不同地域、行业的数据和信息进行整合和分析，在特定和行业、场景和解决方案中，运用其获得更好的支持，进行更加明智精准的决策和行动。

（三）智慧行动的领域

IBM在中国提出了六大领域的智慧行动方案，具体内容如下所述。

（1）智慧的电力。运用智慧电力消费者将被赋予充分权力对电力的使用进行管理，也可以选择最小的污染能源，以此使能源的使用效率得到提高，环境得到保护。不仅如此，智慧电力还可以增加电力供应商电力供应的稳定性和可靠性，并且减少电网内部的电力浪费。这些方面都为维持当下经济持续发展和快速增长所需求能源供应的可持续性提供保障。

（2）智慧的医疗。运用智慧医疗解决当前社会中存在于医疗系统的重大问题，为市民的医疗健康问题解决提供高质高效的保障，是推动和谐社会建设的一大助力。

（3）智慧的城市。运用智慧城市完善民用和商用的基础设施建设，提高城市治理和城市管理系统效率，提高紧急事件的响应效率和响应质量。城市是经济活动和经济建设的核心，智慧城市的建设和发展必将提高生活质量，使商务环境更加具有竞争力，从而吸引更多的投资。

（4）智慧的交通。智慧交通能解决当前交通运输的超负荷运转困境，缓解交通运输基础设施建设所面临的巨大压力。当拥堵问题得以解决，运输时间、工人交通时间都可以缩短，生产力将会得到提高，污染排放也会减少，从而使生存环境得以保护。

（5）智慧的供应链。运用智慧的供应链可以解决交通运输问题、存储和分销效率低问题、物流成本居高不下以及备货时间过长的供应系统问题，从而促进国内贸易发展，提高国内企业竞争力，推动我国经济可持续发展。

（6）智慧的银行。智慧银行能提升我国银行在国内市场和国外市场优势，增加竞争力，减低市场风险，使市场更加稳定，为大型企业、中小型公司和个体经营提供更好的发展支持。

有人说，物联网是"雾"，云计算是"云"，云计算和物联网都是现有ICT技术的提升，尤其是技术和理念的提升。云计算平台相当于物联网的"大脑"，它接受物联网众多设备传来的信息，通过处理后，再控制和管理其实现特定的服务；而云计算的高级阶段也将具有物联网服务能力。两者具有交互辉映的关系，同样都是未来十几年 ICT 产业发展的两条主线。

二、云计算和移动互联网

互联网和移动通信网是当今最具影响力的两个全球性网络。移动互联网融合了两者的优势，而云计算可以因其优势为移动互联网的发展与应用助力。随着移动网民数量的增长以及智能手机、平板电脑、社交网络的普及，移动终端和移动网络环境不断改善，移动商务与移动营销必将随着移动互联网市场规模的增长快速发展。

其一，庞大的移动互联网用户群背后需要强大的技术支撑，云计算可以为移动互联网用户提供按需付费、灵活扩展的云服务。云计算作为宽带移动互联网上的新趋势，将成为移动世界的一股爆发力量，最终成为移动应用的主导运行方式。通过云计算技术，软硬件获得空前的集约化应用，传统 PC 的功能可以通过移动终端来实现。云计算带来的软硬件设施成本节约可为中小企业带来福音，为消费者带来便捷和舒适。云计算将应用的计算和存储从终端迁移到服务器的云端，从而弱化对移动终端设备的处理能力要求。只要配备强大的浏览器（云计算模式下的操作系统），后台云计算的计算和存储能力可以解决手机存储量有限和信息丢失的问题。

其二，移动通信网络运营商可以运用云计算的特性更好地整合资源，节约成本，更加快捷、方便、灵活地响应客户的需求。移动通信运营商的业务繁多且网点分布规模大，其网点和用户遍及全国，管理起来难度很大。而云计算可以将这些网点统一起来，低成本、快速地提供更多的云服务。目前中国移动已经推出了自己的 Big Cloud 计划，实现移动服务的云迁移。

其三，全球电子商务的发展趋势使其移动化。尤其是随着 3G 和 4G 业务在全球范围内的逐渐普及，移动互联网带宽的增加所带来的技术驱动力极大地促进了移动电子商务的发展和应用。这将进一步融入云计算的价值。

第四节　云计算与"互联网+"

一、"互联网+"

在创新 2.0 下，互联网发展呈现出一种新形态、新业态——"互联网+"。"互联网+"是当下实时社会创新 2.0 驱动产生互联网形态的演进，也催生了一种新形态的社会经济发展。"互联网+"是进一步实践互联网思维的实践成果，是先进生产力的一种标志，推动社会经济形态发生持续不断演变，为社会经济实体注入新的生命力，也为改革创新和社会经济发展提供了更加广阔舒适的网络平台。

通俗地说，"互联网+"即"互联网+各个传统行业"，但是，并不是字面意义上的简单相加，而是基于先进的信息通信技术和广阔的互联网平台，深度融合互联网与传统行业，从而创造出一种新的发展形态。

"互联网+"意味着一种新的社会形态诞生。在社会资源配置中，"互联网+"将互联的优化作用和集成作用充分发挥出来，将社会经济各个领域中深度融入互联网的创新发展成果，提高社会全面生产能力和创新能力，基于互联网发展的基础设施和这一实现工具，形成更加广泛的经济建设新形态。

（一）"互联网+"的基本内涵

"互联网+"的基本内涵是提取互联网在目前信息化发展中所存在的核心特性，全面融入工商业和金融业等社会服务行业。"互联网+"的关键是创新。创新赋予"+"切实的经济价值和社会意义。所以，人们认为"互联网+"是创新2.0下互联网发展所呈现出的一种新形态和新业态，是经济社会发展在知识社会创新2.0背景的一种新形态的演进。

（二）"互联网+"的主要特征

"互联网+"主要有六大特征。

第一跨界融合。"互联网+"中的"+"就是跨界。跨界就意味着变革和开放，意味着重塑和融合。只有敢于跨界，才会有更加坚实的创新基础；只有协同融合，才会实现实体智能，才会有更加垂直的"研发—产业化"途径。融合除了跨界融合外，也是身份的融合。客户从消费转为投资，参与创新和发展等都是融合的范畴。

第二，创新驱动。我国以资源为驱动的经济增长方式，已经无法支撑经济发展需求，只有创新驱动发展才可以获得长足的经济增长。互联网特质就是如此，运用其互联网特有的思维方式达到求变和自我变革的结果，发挥出更具创新的力量。

第三，重塑结构。社会经济结构、地缘结构以及原有的文化结构，都被信息革命后的全球化互联网所打破。在"互联网+"时代，虚拟社会治理以及原有的社会治理将产生颠覆性改变。

第四，尊重人性。科技进步、社会经济增长、社会发展以及文化繁荣，其中最根本的推动力量是人性。互联网之所以强大，其最根本的优势是因为其做到了尊重人性，且限度最大化，敬畏人的体验，重视人的创造性。例如，互联网采用用户原创内容、形成卷入式营销、发展分享经济等。

第五，开放生态。生态是"互联网+"一个尤为重要的特征。生态的本质是开放。推动发展"互联网+"，化解制约创新的老旧环节是一个重大方向。研发市场驱动由人性决定，使创业者在努力中实现自我价值和社会价值。

第六，连接一切。连接皆有层次，但连接也具有差异。连接的差异千差万别，而"互联网+"的目标是将一切都连接起来。

二、"互联网+"加速云计算的发展

中国云计算建设的初期可以视为云计算的"试水期"。无论是云的建设者,还是承建方,对于云计算能给业务带来的价值,以及云计算服务业务模式、交付管理流程,大多还处于探索阶段。在这一阶段,大量云基地、云机房得到快速兴建。从云建设阶段向云使用和云普及演进的四大挑战内容具体如下所述。

(1)云服务与业务价值的脱轨。云计算建设初期,大量云计算建设比较盲目。无论是业务价值,还是云服务交付管理流程,将云计算业务价值量化的能力都有待完善。这种缺乏明确业务价值的云规划部署,缺少成熟的以服务级别协议(SLA)为驱动的跨异构资源管理和IT服务交付管理流程,导致一方面有大量"云"闲置;另一方面用户对"云"的需求无法得到满足,限制用户通过云计算实现业务创新。

(2)私有云孤岛。不是一种云计算服务就可以满足所有用户的IT需求。中国企业级用户普遍存在多形态云。以电信行业为例,通常是三种云部署形态同时进行。一是现有数据中心基于虚拟化,逐步实现负载和架构解耦,为负载向云迁移做好准备;二是建立超融合数据中心,以成为云服务服务商;三是新应用为驱动的"Pilot"云部署。大量新应用驱动云计算,将快速形成大量云孤岛。这不仅增加了云计算部署、管理运维的复杂度,同时,限制通过大数据分析和物联网实现产业升级和服务创新。

(3)灵活和融合技术平台。IT演进是一个长期持续的过程。用户往往根据工作负载属性分期、分批实现应用向云的迁移。目前,从中国企业级用户来看,大量业务关键型应用长期运行在小型机或物理环境。如何在IT演进过程中,保证用户业务在高度融合的云平台的稳定安全性,能够根据业务发展不同阶段,跨小型机、开放系统,以及各种异构环境实现架构、资源和服务的灵活选择,以及技术和服务的集中统一管理,决定着云计算对业务的支撑能力。

(4)通过云来加速产业升级和业务创新。实现通过云计算支撑产业升级和业务创新,就要求IT服务商能对全球经济环境下的产业差距进行深度认知,并结合产业链各环节流程和信息化成熟方案,以及针对不同行业用户业务的深度积累,来与IT厂商进行持续、长期、更深度的合作。

"互联网+"行动计划结合互联网、云计算、大数据和物联网,能够充分发挥中国软件方面的实力,加速中国经济向服务和科技驱动的经济转型,从而提升中国企业在全球经济中的竞争力。在新经济环境下,"互联网+"将成为中国经济新的增长点。云计算作为"互联网+"行动计划的重要组成部分,将加速中国云计算从目前的"云建设阶段"向"云使用和普及阶段"的发展。无论是云计算建设者还是云计算的运营商,其工作重点将快速从云计算基础架构向云计算服务价值进行转变。在云计算建设阶段,更多的是将如何建立云基地和云机房作为重心;而在云使用和普及阶段,云服务商和云服务使用者需将工作重心转移到如何提高云服务的含金量,让用户通过云计算创造价值上来。

第四章 云计算平台及关键技术研究

由于互联网快速且大范围发展,使得云平台概念逐渐被学者们提出,并得到社会广泛关注。云平台搭乘互联网这部列车大步向前推进,是信息行业以及整个社会发展的未来趋势。社会发展受到互联网多重刺激与被迫推动,在优胜劣汰市场环境下,涌现出许多以多媒体为主要发展手段的企业。

云计算是一种基于互联网的计算方式,以数据为中心进行密集超级计算,在数据存储、管理、编程模式等方面都具有其自身的独特性。云计算在医药医疗、制造、金融与能源、电子政务、教育科研、电信等主要行业的信息化建设与 IT 运维管理,必将成为主流 IT 应用模式。本章重点探讨云计算平台、虚拟化技术、数据存储技术与资源管理技术、云计算中的编程模型以及集成一体化与自动化技术。

第一节 云计算平台

一、Google 云计算平台

Google 云计算平台作为一款搜索引擎,除了具有搜索功能,提供搜索服务之外,还建立了地图、社交软件等服务方式,涉及社会发展的各个行业与层次。为了使服务软件得到更好地应用,满足人们需求,Google 找到了这些软件开发存在的共性,即软件、使用者等各主体间产生了非常大的数据。因此,如何快速、准确地处理软件接收到的数据信息,是 Google 需要解决的问题。为了解决这一问题,Google 开发出一项名为云技术的计算方法,即将百万台的计算机联合在一起进行协同工作,共同完成处理信息工作。

（一）平台的体系结构

Google 最大的 IT 优势在于其能够建造出一套既富性价比又能承载极高负载的高性能系统。Google 计算平台具体包含以下几个结构层次。

（1）网络系统：包括内部网络和外部网络。内部网络是用于连接 Google 自建的各数据中心的网络系统，这一高速的网络系统将 Google 的每一台服务器连接成为一个负载均衡的集群；外部网络是指在 Google 数据中心之外，由 Google 自己搭建的用于不同国家、地区及不同应用之间的数据交换网络。

（2）硬件系统：包括单个服务器，整合多个服务器的机架，以及存放、连接各服务器机架的数据中心（IDC）。

（3）软件系统：包括每个服务器上安装的单机操作系统，以及 Google 云计算底层软件系统（包括文件系统 GFS、并行计算模型 MapReduce、并行数据库 BigTable、并行锁服务 Chubby 和云计算消息队列 GWQ 等）。

（4）Google 应用：主要包括 Google 内部使用的软件开发工具，其中包括 C++、Java、Python 等，Google 发布的可以使用 Python、Java 等编程语言调用云计算底层软件系统的 PaaS 平台谷歌应用引擎（Google App Engine），以及 Google 自己开发的各项 SaaS 类型的服务，如 Google Search、Google Gmail、Google Map、Google Earth 等。

（二）平台的核心技术

Google 云计算平台具有多项技术专利，主要有：关于文件系统的应用 GFS，关于编程语言方面的应用 MapReduce，关于信息数据储存方面的应用 BigTable、Megastore，以及用于监控的应用系统 Dapper 等。这些技术解决了互联网发展中出现的问题，在一定程度上促进了行业信息化的发展。例如，GFS 使得计算机存储信息能力变得更强，其计算能力也得到更新；MapReduce 使得计算机在处理从各方涌来的信息时，变得更加得心应手；BigTable 使得计算机界在对数据进行管理时，能够更加系统，将组织组合起来更加方便；构建在 BigTable 之上的 Megastore 则实现了关系型数据库和 NoSQL 之间的巧妙融合；Dapper 能够全方位地监控 Google 云计算平台的运行状况。以下是对这几种核心技术的介绍。

1. 谷歌文件系统 GFS

GFS 是 Google 云计算技术发展的基础，为其发展奠定基石，并与 Chubby、MapReduce 以及 BigTable 等技术相辅相成，互相促进。

文件系统对于计算机系统管理来说，影响十分重要。通过对存储空间进行管理，可以实现在网络中对用户的更好把握，能够优化用户使用时的体验感。为此，文件系统根据用户要求与实际操作环境的不同，被划分为多个层次，分别有以下类型：单处理器单用户、多处理器单用户、多处理器多用户等。

本地文件系统，指与本地节点进行连接的管理系统方向；分布式文件系统拓宽了系统连接方式，提高文件系统连接本地节点方式的管理，将计算机网络与节点相连。分布式文件系统是目前最高级的文件系统，它将网络连接的各存储节点抽象成一个统一的存储系统，由该系统解决其内部各存储节点的管理和协作等复杂问题，提供了与本地文件系统几乎相同的访问接口和对象模型。

GFS 具有以下几方面特点。

（1）单 Master 模式。只有一个 Master 的模式极大地简化了设计，并使得 Master 可以根据全局情况做出合理的调度，但是必须要将 Master 对操作的参与减至最少，这样它才不会成为系统的瓶颈。一种方法是：Client 只从 Master 读取文件块的元数据信息，从中得知要和哪个 Chunk Server 联系，并在限定的时间内将这些信息缓存，在后续的操作中直接与需要关联的 Chunk Server 交互，这样的设计减轻了 Master 的压力，平衡负载。

（2）分块规模为 64MB。64MB 的容量比一般文件系统的分块规模大得多，每个块的副本作为一个普通的 Linux 文件存储，在需要的时候可进行扩展。较大块规模能够减少 Client 和 Master 之间的交互，使 Client 在一个给定的分块上可以执行多个操作，同时减少 Master 上保存的元数据的规模。

（3）不缓存文件数据，缓存元数据。对于存储在 Chunk Server 上的文件数据，其本地文件系统能够提供缓存机制，而在 GFS 中，由于 Chunk Server 不稳定所产生的复杂数据一致性问题，因此没有实现缓存机制。但是对于存储在 Master 中的元数据，GFS 采取了缓存策略，因为 GFS 中 Client 发起的所有操作都要先经过 Master，此时 Master 就需要对其元数据进行频繁操作。为了提高操作的效率，Master 的元数据都是直接保存在内存中进行操作，同时采用相应的压缩机制，降低元数据占用空间的大小，提高内存的利用率。

2. 处理技术 MapReduce

MapReduce 是一个编程模型，用来处理大数据的数据集合。用户指定一个 Map 函数处理一个键值对，从而产生中间的键值对集，然后再指定一个 Reduce 函数，合并所有具有相同中间键的中间值集合。MapReduce 也是 Google 开发的一个并行计算框架，提供了自动的并行化与分布式计算、容错、I/O 调度以及状态监控等功能，能够把分布式的业务逻辑从复杂的细节中抽象出来，为经验不足的程序员进行并行编程提供了简单的接口。

Google 为自己定义的使命是整合全球信息，使人人皆可访问并从中受益，因此更早接触到了只有分布后才能存储的数据，这导致了 GFS 的诞生，若要分析 Google File System 存储的海量数据，需要的运算量是惊人的。为解决这一问题，MapReduce 技术应运而生，该技术通过把海量数据集的常见操作抽象为 Map 和 Reduce 两种集合操作，大大降低了程序员编写分布式计算程序的难度。

与传统的分布式程序设计模型相比，MapReduce 封装了并行处理、容错处理、本地化计算、负载均衡等细节，还提供了一个简单而强大的接口，通过这个接口，可以将大尺度的计算自动地并发和分布执行，从而使编程变得非常容易，也可以通过由普通 PC 构成的巨大集群来达到极高的性能。

MapReduce 将对数据集的大规模操作分发给一个主节点管理下的各分节点来共同完成，通过这种方式实现任务的可靠执行与容错机制。在每个时间周期，主节点都会对分节点的工作状态进行标记。Google 通过使用这一编程模式，保持了服务器之间的均衡，提高了整体效率。

3. 内部服务工具 Chubby

Chubby 是一种为了实现 MapReduce 或 BigTable 而开发的内部工具。现存的分布式系统存在一个普遍发生的问题，即一致性问题。其工作流程如下：当有任务发送给分布式系统时，分布式系统面临这些信息需要确定一个值，而产生的任务越多，需要确定的值越多。分布式系统需要在所有值中挑选一个，并发布出去。

为了优化分布式系统存在的一致性问题，人们提出了多种解决方法。例如，当各方信息都需要计算机进行筛选时，可以先设置一个服务器，让所有的值都提交给该服务器，再为该服务器设定一个挑选程序，选择满足要求的一个值，然后通给所有系统。但是可能会因此产生其他问题，如单一的服务器接受太多信息可能会崩溃；网络传输的延后性，并不能保证时间的准确，也无法保证是最优的值。Chubby 就是为了解决上述问题而构建的，但它并不是一个协议或一个算法，而是 Google 精心设计的一个服务。

在 GFS 中，存在很多服务器，需要从中选取一台作为主服务器，这就是一个很典型的分布式的一致性问题，值在这里指主服务器的地址。为了更好地发挥作用，在使用 GFS 的同时，添加 Chubby 这一系统，二者共同解决这个问题，即各服务器通过在 Chubby 服务器上创建同一个文件，Chubby 服务器在接收到信息后，对各服务器进行分析与筛选，挑选出一个符合要求的服务器成为主服务器，其他服务器通过读取之前建立的位置，可以得到主服务器位置。

由此可知，Chubby 是一个辅助系统，能够帮助其他系统创建文件、分析数据并完成基本操作。Chubby 也是分布式的文件系统，在工作时由几台机器进行部署，以此更好地完成工作。

但在更高一点的语义层面上，Chubby 又是一个 Lock 服务，一个针对松耦合分布式系统的 Lode 服务。所谓 Lock 服务，就是该服务能提供开发人员经常使用的"锁"与"解锁"功能。使用 Chubby，一个分布式系统中的上千个客户端都能对某项资源进行"加锁""解锁"。

综上所述，Chubby 是一个 Lode 服务，通过该 Lock 服务可以解决分布式系统中的一致性问题，而其实现形式是一个分布式的文件系统。

4. 数据库 BigTable

在互联网世界中，为了更好地对数据进行汇总、管理，分布式存储数据库系统被设计出来，将数据信息分散到数千台服务器上，拓宽其流通渠道。

BigTable 是在普通数据库基础上进行开发，二者有很多共同之处。BigTable 的建立是基于数据库实现策略基础之上的，但并不提供关系数据模型，为了增强数据存储能力，确保灵活度，其只提供简单的数据模型接口。BigTable 技术得到广泛使用，是整个系统中使用度极高的一个组成部分，被用于存储多个软件信息。

BigTable 具有多种优势，如极高的实用性、扩展功能强大、性能优越等，得到人们广泛应用，受到行业间普遍认可。例如，Google 在其多种产品和项目上都应用了该系统。越来越多产品的使用，对 BigTable 性能的优化升级提出新需求，如对数据处理的批量管理，对传输数据的快速反应，对信息存储的数据要求等。

5. 存储系统 Megastore

互联网数据传递的纷繁复杂性，使其需要对信息传输流程进行维护，一方面要保证 24 小时不间断信息流通，保障信息稳定性；另一方面，要使其具有良好的扩展性。有时会面临应用系统在较短时间或同一时间内，用户需求急剧增长的情况，便会导致系统程序崩溃。因此，为保障互联网间的可扩展性，人们对存储系统进行升级创新，即在使用传统关系型数据库的同时，加入 NoSQL 系统，以此构建分布式存储系统 Megastore，用于互联网中的交互式服务，这一系统成功地将关系型数据库和 NoSQL 的特点与优势进行了融合。

6. 监控系统 Dapper

Google 被使用最频繁的服务就是它的搜索引擎。每当用户将一个关键字通过 Google 的输入框传到 Google 的后台，系统就会将具体的查询任务分配到很多子系统中，这些子系统有些是用来处理涉及关键字的广告的，有些是用来处理图像、视频等搜索的，最后所有这些子系统的搜索结果都会被汇总在一起返回给用户。

有资料表明，用户平均每一次前台搜索会导致 Google 的后台发生 1011 次的处理。在用户看来很简单的一次搜索，实际上涉及了众多 Google 后台的子系统，这些子系统的运行状态都需要进行监控，而且随着时间的推移，Google 的服务越来越多，新的子系统也在不断被加入。因此，一方面，在为其设计监控系统时，需要考虑到的第一个问题就是设计出的系统应当能对尽可能多的 Google 服务进行监控；而另一方面，Google 的服务是全天候的，如果不能对 Google 的后台同样进行全天候的监控，则很可能会错过某些无法再现的关键性故障，因此需要进行不间断的监控。

因此，Google 设计了 Dapper 监控系统。Dapper 能对几乎所有的 Google 后台服务器进行监控，并将海量的监控信息记录汇集在一起产生有效的监控信息。在实际应用中，Dapper 监控信息的汇总具体需要经过以下三个步骤。

（1）将区间的数据写入到本地的日志文件。

（2）将所有机器上的本地日志文件汇集在一起。

（3）将汇集后的数据写入到 BigTable 存储库中。

（三）Google App Engine 平台

Google App Engine 是一个由 Python 应用服务器群、BigTable 数据库以及 GFS 数据储存服务组成的平台，能为开发者提供一体化的、可自动升级的在线应用服务。

从云计算平台的分类来看，Amazon 提供的是 IaaS 平台，而 Google 提供的 Google App Engine 是一个 PaaS 平台。Google App Engine 平台易于构建和维护应用程序，可以让开发人员在 Google 的基础架构上运行网络应用程序，并且可根据访问量和数据存储需要的增长来轻松扩展应用程序。使用 Google App Engine，开发人员将不再需要维护服务器，只需上传应用程序，它便可立即为最终用户提供服务。

使用 Google App Engine 时，用户既可以使用 appspot.com 域上的免费域名为应用程序提供服务，也可以使用 Google 企业应用套件从自己的域为它提供服务，既可以与全世界的人共享自己的应用程序，也可以只允许自己组织内的成员访问该程序。Google App Engine 的使用是免费的，注册一个免费账户即可开发和发布应用程序，免费账户可以使用多达 500MB 的持久存储空间，以及能够支持每月约 500 万页面浏览量的超大 CPU 和带宽。

二、Amazon 云计算平台

依靠电子商务逐步发展起来的 Amazon 公司，凭借在电子商务领域积累的完善的基础设施、先进的分布式计算技术和巨大的用户群体，很早就介入了云计算领域，并在云计算、云存储等方面一直处于领先地位。在传统的云计算服务基础上，Amazon 不断进行技术创新，开发出了一系列新颖、实用的云计算服务。

Amazon 的云计算服务平台称为 Amazon Web Services，简称 AWS，致力于为全世界范围内的客户提供云解决方案。AWS 平台可以为人们提供多种网络服务，并具有链条性的系统设计，包括对信息的弹性计算、数据存储等，具有完整、开放性强的服务应用设计。如今，该平台在不断优化与创新，已在网络间得到广泛应用，受到广大使用者青睐。

Amazon 云平台在整个系统设计中，主旨是完全分布式且去中心化。其主要为人们提供以下产品服务：对计算机产生的数据进行云计算、对用户间产生的数据进行简单存储、在应用间进行内容推送服务、保障互联网环境的安全系数服务，这些服务涉及云计算的方方面面，用户可以根据自己的需要选用一个或多个，而且所有这些服务都是按需获取计算资源，具有极强的可扩展性和灵活性，主要包括以下内容。

（一）存储架构 Dynamo

Web 数据大多数具有半结构化特征，并以此在网络间进行流转。但随着信息数据的爆炸式增加，原本的关系型数据库已承受不住增加后的信息量，时刻面临系统崩溃。为此，信息的增长对服务供应商提出新的要求，即快速开发新的存储系统。

Amazon 开发的 Dynamo 就是其中非常有代表性的一种存储架构。由于 Amazon 平台中的很多服务（如购物车、信息会话管理和推荐商品列表等）对存储的需求只是读取和写入，即满足简单的键值式（Key-Value）存储即可。

Dynamo 是一种分布式、去中心化的存储架构，在 Amazon 的平台中处于底层位置。大多数应用系统基于 Dynamo 而得到发展，在云计算领域，为

Amazon 技术发展提供强有力的支撑。Dynamo 并不直接服务于使用者，而是作为幕后人员，将使用者的信息存储于自身系统中，为用户提供所需值进行读取操作。Dynamo 的设计理念较为单一与简单，以原始储存单位（bit）为基础，不识别任何数据结构，这种单一的运作方式使其可以处理任何数据信息。

（二）弹性计算云（Elastic Compute Cloud，简称 EC2）

EC2 是 Amazon 推出的一个允许用户租用云端电脑来运行自己所需应用的系统。EC2 借由提供 Web 服务的方式，让用户可以配置自己的计算资源，使虚拟机映像运行在弹性环境上。用户可以在这个虚拟机上运行任何自己需要的软件。EC2 提供可调整的云计算能力，旨在使开发者的网络规模计算变得更为容易。简而言之，EC2 相当于一部具有无限采集能力的虚拟计算机，用户能够用来执行一些处理任务。

EC2 使用了虚拟化技术，每个虚拟机（又称实例）能够运行小、大、极大三个处理级别的虚拟私有服务器。

EC2 的基本架构具体如下所示。

（1）加密协议（Secure Shell，SSH）。SSH 是一种很可靠的协议，多用来加密网络传输的数据。用户访问 EC2 时，需要使用 SSH 密钥对（Key Pair）来登录服务。当用户创建一个密钥对时，密钥对的名称（Key Pair Name）和公钥（Public Key）会被储存在 EC2 中，在用户创建新的实例时，EC2 会将它保存的信息复制一份放入实例的数据中，然后用户使用自己保存的私钥（Private Key）就可以安全地登录 EC2，并使用相关服务。

（2）Amazon 机器镜像（Amazon Machine Image，AMI）。是使用 Amazon 云计算服务时创建的机器镜像，其中包括操作系统、应用程序和配置设置。AMI 是用户云计算平台运行的基础，因此用户使用 EC2 服务的第一步就是创建一个自己的 AMI，这与使用 PC 先需要一个操作系统的道理相同。

Amazon 提供的 AMI 具体包括以下四种类型。

公共 AMI：由 Amazon 提供，可免费使用的 AMI。

私有 AMI：只有用户本身和其授权的用户可以进入的 AMI。

付费 AMI：需要向开发者付费购买的 AMI。

共享 AMI：开发者之间相互共享的一些 AMI。

在使用 EC2 时，用户需要建立一个属于自己的服务器平台账号。这种独立的运行过程被称作实例，实例为 EC2 服务提供原始动力，EC2 服务也依托于该平台得到不断发展。为此，Amazon 对使用该实例程序进行规定，即对用户携带的实例量做出规定，最多不能超过 20 个，并规定存放位置，即将用户数据进行临时存放处理。当用户实例重启时，自带存储模块中的内容还会存在，但如果出现故障或实例被终止，存储在其中的数据就将全部消失。

为了更高效地对实例进行处理，将其分为标准型和高 CPU 型两个级别；对应用数据进行划分，两个 CPU 级别可以满足人们不同的使用需求。标准型实例的 CPU 可以满足大多数人的应用需求。当用户提出更高要求时，高 CPU 型的实例可以为其提供定制型服务。为更好地划分 CPU 类型，将数据发送到合适的端口上，EC2 组建了 CPU 计算单元，以准确把握用户需求数量。

（3）弹性块存储（Elastic Black Store，EBS）。对于需要长期保存的或者比较重要的数据，EBS 便可以派上用场。EBS 通过用户建立卷的方式进行服务管理，卷的产生与使用方法模拟了移动硬盘功能。Amazon 对 EBS 做出限制，即最多创建 20 个卷，辅助实例进行使用。EBS 还可以提供快照功能，实时对卷的状态进行动态捕捉，并将捕捉到的信息存放在存储服务中。

（4）弹性负载平衡（Elastic Load Balancing，简称 ELB）。ELB 允许 EC2 实例自动分配应用流量，在面对庞大的数据群流通状况时，具有一定容错性，可以保证系统正常应用。弹性负载平衡主要是对实例进行管理，通过对其状态进行识别，将应用保持在一个最优状态。对应用程序进行分流，当一个应用承载不了当前数据流通量时，可以将其分流至其他应用上，减少程序运行压力。

（5）监控服务（Cloud Watch）。Amazon 的监控服务是一个 Web 服务，可对 EC2 实例状态、资源利用率、需求状况、CPU 利用率、磁盘读取、写入和网络流量等指标进行可视化检测。

（三）存储服务（Simple Storage Services，简称 S3）

S3 是 Amazon 推出的简单存储服务，是为用户提供新型的信息数据存储方式，人们可将信息临时或长久地存放在该服务器上。S3 具有简洁、实用特点，设计立足于存储的实用性、较低使用成本上，以最低廉的方式满足人们需求。

S3 系统舍弃了传统的关系数据库存储方式，使得数据操作变得更加简洁、实用，简化了其功能设计。例如，将其设计成单一的存储媒介，以此提高数据流转效率。

S3 存储系统从对象、键和桶三个方面展开。对象也叫基本存储单元，由众多数据组成，形成基本的单元信息。通过对数据及对象数据内容的附加描述信息数据进行存储，以此满足用户需求；"键"可以对对象进行识别，是唯一的身份认证方式，用以区分不同的对象信息；"桶"采用文件夹概念，将信息分成一个个单元，以此对数据进行存储、分类与查找。

（四）队列服务（Simple Queue Service，简称SQS）

SQS是用于在多方主体、渠道间传递消息的服务应用系统。SQS遍布整个网络，使用对象非常灵活，可以存在于不同计算机中，也可以连接不同的网络。

SQS主要以处理消息与队列信息为主。计算机与计算机间、用户与用户间产生的文本数据，形成消息存储于SQS队列中，并完成灵活性的信息控制。队列是消息进行传递的体现，人们可以通过队列对消息进行控制与选择。SQS具有更好的容错性，支持多个组件并发的操作队列，将信息分散化，通过完整的队列将内容向其他客户端发送。各消息间也是单独存在的，当一个信息得到处理后，将会处于锁定状态并且被隐藏，其他消息仍能自主进行传递。

SQS的基本模型极具灵活性，通过其进行运转的信息，可以被存储在不同的计算机中，也可以储存在多种数据中。该种分布式存储方式，可以保证信息的随时调用，具有较高的可靠性。但分布式系统设计者和使用者也应充分了解以下内容：首先，SQS虽然具有灵活的信息存储、传输优势，但也存在一定缺陷，不能严格保证消息的顺序；其次，会浪费数据处理资源，因有些已经被处理的消息没能及时被分辨出来，可能还存在于其他队列中，由此会被多次进行处理；最后，消息的灵活性，也使得其在传递过程中可能存在延迟，不能及时发送给其他组件或主体。

（五）其他云服务（Amazon Web Services，AWS）

（1）关系型数据库服务。关系型数据库服务（Relational Database Service，RDS）是一种基于云的关系型数据库服务，允许用户在云中配置、操作和扩展关系数据库。Amazon RDS支持Amazon Aurora、Oracle、Microsoft SQL Server、PostgreSQL、MySQL和MariaDB等关系型数据库，用户无需在本地维护这些数据库，RDS会代为管理。

（2）Amazon CloudFront。它是提供全球性内容分发服务，简而言之，Amazon会在全球很多节点缓存数据，当用户访问时，可以使访问客户端获取最小延迟的数据。CloudFront的收费方式与Amazon其他云计算服务的收费方式相同，即按用户实际使用的服务来收费，这尤其适合中小企业，而且CloudFront的使用非常简单，只要配合S3再加上几个简单的设置就可以完成部署。CloudFront可以分发任意一个文件，但该文件首先须满足两个条件：一是它必须存储在S3中；二是它必须被设置为公开可读（Publicly Readable）。

一般来讲，CloudFront 比较适合用来分发网页中的静态内容。

（3）快速应用部署（Elastic Beanstalk）及服务模板（CloudFormation）。为了更好、更方便地使用各种云服务，Amazon 提供了 Elastic Beanstalk 和 CloudFormation 两种服务。

AWS Elastic Beanstalk 是一种简化在 AWS 上部署和管理应用程序操作的服务。用户只需要上传自己的程序，系统就会自动完成需求分配、负载均衡、自动缩放、监督检测等一些具体的部署细节。使用 AWS Elastic Beanstalk 时，用户可以随时访问其使用的资源和程序。AWS CloudFormation 服务为开发者和系统管理员提供了一个简化的、可视的 AWS 资源调用方式。开发者可以直接利用 CloudFormation 提供的模板或自己创建的模板方便地建立自己的服务，这些模板包含了 AWS 资源及相关参数的设置、应用程序的调用方式等。用户无需了解 AWS 的资源及其相互依赖关系，CloudFomation 就可以自动完成处理。

Elastic Beanstalk 和 CloudFormation 的功能类似，都提供部署和管理应用程序的功能，但 CloudFormation 面向的是开发者，而 Elastic Beanstalk 面向的是应用程序，因此 CloudFormation 使用起来要比 Elastic Beanstalk 复杂，需要用户进行更加详细的配置。

三、微软 Windows Azure 的平台

从计算机时代来临的同时，出现了微软商业模式，在这种模式下，微软将创建的云计算平台进行了推广。直到 2008 年，微软将云计算战略公布出来，也创建了微软云计算服务平台 Windows Azure，但只允许运行在 NET 框架下构建的应用程序。2010 年，该平台开始允许用户使用非微软编程语言和框架开发自己的应用程序，支持 PHP、Python、Java 等多种非微软编程语言和架构。

Windows Azure 平台具备互联网规模，并且专门托管以及运行应用程序。这个平台所有要求和技术都是根据云计算进行，比如资源是根据需求量进行分配，而开发人员不需要管理平台安全、安装补丁以及升级系统等问题，而是只需要对应用程序进行开发。

Windows Azure 平台主要有四种服务：第一种是云计算操作系统；第二种是云关系型数据库；第三种是云中间件；第四种是其他辅助服务。当应用程序被开发出来时，能够直接运用在该平台上，也能够在其他地方运行，而且利用互联网便可以在云计算平台中进行服务。

相比较，Windows Azure 平台具备传统软件平台很多的优点和特性，可以帮助用户进行开发体验，而用户也可以将很多应用程序顺利地转移到该平台运

行。除此之外，Windows Azure 平台还能够根据云计算方式进行一定程度扩展，并且按照用户真实发生的资源计算费用。

（一）平台的定位

众所周知，云计算能将资源利用率提升的主要原因是将资源池进行共享。在这个资源池里，按照资源类别进行划分，能够将云计算服务模型划分为：第一种是软件即服务（SaaS）；第二种是平台即服务（PaaS）；第三种是基础设施即服务（IaaS）；第四种是数据即服务（DaaS）。每一个服务模型所对应的供应商都会提供不一样的服务。

Windows Azure 平台的主要定位是平台即服务，所以是直接对应开发人员。运用 Windows Azure 平台，能够更多地将精力用于应用程序的设计和构建，不需要再管理和部署云服务；另外，Windows Azure 平台解决开发部署所需要的开支和时间问题。

为了方便理解，可以将 Windows Azure 当作一个操作系统。当然，将 Windows Azure 称为操作系统实际上是一种类比，因为它并不是传统意义上的操作系统。Windows Azure 也履行资源管理的职责，所管理的资源比较宏观，所管理的范围比较广泛，如所有服务器、交换机、存储，甚至电源开关等。

Windows Azure 平台给开发者带来了能够扩展、托管以及按需使用的资源，同时开发者解决了如何管理云平台以及资源分配的问题。Windows Azure 平台有着很强的开放性，几乎所有标准和协议都可以在这个平台中实现，开发人员进行 Windows Azure 应用程序构建时，不但能够利用不同的开发语言，如 NET、Java 和 PHP 等，还能够运用不同的工具，如 Microsoft Visual Studio、Eclipse 等。使用 Windows Azure 可以让开发人员不论是自身经验还是技能方面，都能够进行转变，从而实现云计算平台编程。

（二）平台的计算服务

1. 虚拟机

虚拟机（Virtual Machines）是 Windows Azure 基础设施即服务（IaaS）的重要组成部分，支持 Windows 和 Linux 操作系统，并提供了多款模板供用户选择，其特点具体包括以下几个方面。

（1）自助式申请并快速创建虚拟机。

（2）灵活的镜像移动功能，支持从本地移动到云端，或者从云端移动到本地。

（3）支持自建虚拟机镜像，批量构建统一的应用环境。

（4）快速挂接和卸载数据磁盘。

（5）支持使用 Windows Azure 虚拟网络（Virtual Network）构建局域网络。

2. 云服务

云服务（Cloud Services）是 Windows Azure 平台即服务的重要组成部分，提供两种计算角色：Web Role 和 Worker Role，能够构建高可用的分布式云应用程序或服务，并支持自动化应用部署和资源的弹性伸缩。

Windows Azure 的计算资源主要通过成为 Web Role 和 Worker Role 的方式来分配。为了便于理解，可以认为 Web Role 和 Worker Role 是两种不同的虚拟机模板。其中，Web Role 是为方便运行 Web 应用程序而设计的，其中已经配置好互联网信息服务（Internet Information Service，IIS）；而 Worker Role 则是为了运行其他应用类型（如批处理）而设计的，它甚至可以运行一些完整的应用平台（如 Tomcat）。

一种比较常见的架构设计方式是：使用 Web Role 来处理展示逻辑，而使用 Worker Role 来处理业务逻辑。Web Role 负责处理客户端的超文本传输协议（HTTP）请求，为支持应用的扩展，Web Role 上的应用一般会设计成无状态的，使系统可以方便地增加 Web Role 实例数量，提高应用的并发处理能力。

除 Web Role 和 Worker Role 之外，Windows Azure 还提供了另外一种称作 VM Role 的计算服务，主要目的是让已有的 Windows 应用程序可以相对平滑地迁移到 Windows Azure 上。VM Role 支持用户运行自己基于虚拟磁盘格式（Virtul Hard Disk，VHD）的虚拟机镜像，用户可以把自己基于 VHD 格式构建的 Windows Server 虚拟机上传到 Windows Azure 存储，并通过远程桌面服务方式与之连接。VM Role 让用户对底层计算平台有更多的控制权，使 Windows Azure 可以提供一些类似 IaaS 的服务。

（三）数据的存储服务

Windows Azure 提供的存储服务具体具有以下几个特点。

（1）可以存放大量数据。

（2）大规模分布。

（3）可以无限扩展。

（4）所有数据都会复制多份。

（5）可以选择数据存储地点。

Windows Azure 提供的数据存储服务主要有以下几种。

1. 存储文件的服务

Windows Azure 主要提供 Blob、Table、Queue 三种文件存储方式，在数据存储和检索方面具有较高的灵活性。Blob 非常适合存储二进制数据，如 JPEG 图片或 MP3 文档等多媒体数据。但是 Blob 存储的数据缺乏结构性，为了让应用能以更易获取的方式使用数据，Windows Azure 存储服务具备 Table 方式，尽管名称叫 Table，但是和关系型数据库并不完全相同。Windows Azure 的 Table 存储无法实现外键以及数据模式。Table 进行半结构化数据存储，主要采用键值的方式，并且对这种存储可以依据节点进行扩展，这种方式比关系型数据库效果更好。

Queue 和 Blob 以及 Table 方式不同。Queue 主要是存储临时产生的数据，这种通信方式和消息队列十分相近。Queue 主要是在 Web Role 实例和 Worker Role 实例两者之间提供通信。

2. 存储关系型数据库的服务

存储关系型数据库的服务主要包括 SQL 数据库和 MySQL Database on Azure 等服务。

SQL 数据库服务是一种以服务方式提供的关系型数据库，能存储大量的数据，并在云端 SQL 数据库与本地 SQL Server 或其他 SQL 数据库实例之间创建和安排定期同步。MySQL Database on Azure 提供全托管的 MySQL 数据库服务，兼容 MySQL 开源数据库平台，并能够帮助用户快速部署，从而提供高可靠、高安全、高可用、高性价比的数据库服务。

3. 存储文档数据库的服务

文档数据库存储服务（DocumentDB）提供非关系型数据存储服务，在一些应用场景中比传统关系型数据库更有优势。在 NoSQL 家族中，文档数据库是最受欢迎且应用最为广泛的一类，因为文档数据库没有固定的结构，所以开发者可根据新的数据需求快速对其进行调整。

（四）其他服务

（1）通知中心服务。Windows Azure 提供可缩放的大规模移动推送通知引擎，可快速将数百万条消息推送至多种平台。

（2）Azure Redis 缓存服务。以常用的开源 Redis 缓存技术为基础的服务，用它创建的缓存可以被 Windows Azure 内的任何应用程序访问。

（3）物联网相关服务。提供多个平台（包括 Linux、Windows 与各种实时操作系统）上的设备接入系统的服务，该服务可以依靠 Windows Azure 从少数几个传感器轻松扩展至数百万台同步连接的设备，通过设备和传感器收集之前没有使用过的数据，然后利用内置功能经将收集来的数据进行显示和处理；另外，在 SQL 语法的基础上，运用灵活并且扩展性高的方式进行分析，不需要针对复杂的软件和结构进行管理。这种服务能够通过大型算法库，把 R 和 Python 的语言代码转到工作区，进一步优化分析和机器学习问题。

四、阿里云服务平台

2009 年，阿里云成立，在中国云计算平台中也是最大的一个，给各个国家以及地区政府和创新企业带来服务。阿里云的服务理念是要达到最安全、最可靠的处理服务，使云计算实现普惠科技以及公共服务。全球各地都有阿里云的绿色数据中心，通过利用清洁计算实现在每一个互联网应用中。如今，阿里云不仅在中国设立数据中心，还在新加坡、美国西部等地设立数据中心，未来的发展将面向美国东部、中东、欧洲以及俄罗斯等地。

（一）计算的服务

（1）弹性云服务器（ECS）。云服务器是具有高效、弹性处理能力的一种云计算服务，可以给用户带来更加安全稳定的构建应用体验，使运维效率大幅度上升，也使 IT 成本减少，对于企业来说，能够将更多精力放在核心业务创新层面。在阿里云产品中，这个服务器占据比较重要的地位，创立基础是根据阿里云所研发出来的大规模分布式系统，并且运用虚拟化等技术，再结合基础资源，最终通过 Web 形式为每个行业领域提供服务，因此其改变了传统方式，也将服务器采购、系统安装、设备运维等过程进行取消；这种方式也能够像购买水、电、煤的方式，根据自身需求进行购买和使用。

（2）批量计算（BatchCompute）。批量计算服务主要是运用在一些规模比较大且进行批量处理的一种分布式云服务。BatchCompute 能够满足大量并发作业，是在系统帮助下进行自动处理，实现资源管理、数据加载以及作业调度等，还会根据真实发生的量进行费用计算。BatchCompute 一般是在电影动画渲染、多媒体转码以及生物数据分析等领域进行使用。

（3）专有网络（Virtual Private Cloud，VPC）。VPC 支持用户基于阿里云构建出一个隔离的网络环境，并对该虚拟网络进行配置，包括选择自有 IP 地址范围、划分网段、配置路由表及网关等。此外，VPC 还可与传统数据中心组成一个按需定制的网络环境，实现应用到云上的平滑迁移。

（4）弹性伸缩（Auto Scaling，AS）。AS是一种根据用户的业务需求和策略，对弹性计算资源进行经济的自动调整的管理服务。

（二）数据存储的服务

（1）文件存储（Network Attached Storage，NAS）。阿里云NAS是面向阿里云ECS实例等应用场景的文件存储服务，提供标准的文件访问协议。用户无需对现有应用做任何修改，即可使用具备无限容量及性能扩展、单一命名空间、多共享、高可靠和高可用等特性的分布式文件系统。

（2）云数据库（ApsaraDB for RDS，RDS）。RDS是一种稳定可靠、可弹性伸缩的在线数据库服务。支持MySQL、SQL Server、PostgreSQL和PPAS（高度兼容Oracle）引擎，能对储备架构进行默认部署并提供容灾、备份、恢复、监控、迁移等方面的全套解决方案，彻底解决数据库运维带来的问题。

（3）云数据库Redis版。云数据库Redis版是用于数据持久化存储的数据库，并能提供全套的容灾切换、故障迁移、在线扩容、性能优化的数据库解决方案。

（三）数据分析的服务

（1）阿里云机器学习平台。该平台是以分布式计算为基础条件开发出来的一种平台。用户能够利用一种可以看见的拖曳方式进行操作，从而达到试验目的，这样对于之前没有使用过该平台的工程师来说也可以进行数据处理。该平台为用户带来了非常多的组件，其中主要有数据预处理组件、算法组件以及评估组件等。

（2）推荐引擎。用于实时预测用户对物品的偏好，支持企业定制推荐算法，可以根据用户兴趣特征进行物品推荐。

（3）数据可视化技术（DataV）。专精于业务数据与地理信息融合的大数据可视化技术，允许用户通过图形界面轻松搭建专业的可视化应用，满足用户业务监控、调度、会展演示等多场景的使用需求。

（四）其他服务

内容分发网络（Content Delivery Network，CDN）服务的主要功能是把源站内容传送到每一个节点上，这样用户在进行查看时便不需要浪费大量时间，使得访问速度以及可用性都有所提升，将网络带宽小、网点分布不均等问题进行有效处理。另外，阿里云还提供域名、移动推送、语音、短信（主要为短信验证码与短信通知）、云监控（指标监控和警报）等服务。

五、百度开发者云服务的平台

百度作为国内最大的搜索引擎公司，起初公司的云计算业务仅服务于公司内部，随着云计算技术的成熟和市场的需求，百度开始对外开放其云计算服务。同时，对开发者来说可以开放性地使用云存储、云能力以及大数据智能等，有力地在开发者技术方面提供了保障。之后，百度还将核心基础架构技术进行开放，对于很多公有云需求者来说有了更加可靠、高性能的云计算产品。百度云通过不断推出贴合生态需要的解决方案，致力为用户打造更为全面优质的生态服务，助力百度生态用户实现业务价值最大化。

（一）计算的服务

百度云计算（Baidu Cloud Compute，简称 BCC）是基于百度虚拟化技术及分布式集群操作系统构建的云服务器，允许用户在任何时间、任何地点轻松构建包括网站站点、移动应用、在线游戏、企业级服务等在内的任何应用与服务。BCC 支持弹性伸缩、镜像及快照，支持分钟级丰富灵活的计费模式。

基于海量的云端计算资源与分布式计算技术，BCC 可以提供灵活、弹性、分钟级的资源扩展能力，升级扩容无需重新部署代码，能够轻松应对各种高并发访问场景。

（二）数据存储的服务

（1）百度对象存储（Baidu Object Storage，BOS）。BOS 提供稳定、安全、高效、高可扩展的云存储服务，支持最大 5TB 的多媒体、文本、二进制等任意类型数据的存储。

（2）关系型数据库服务（Relational Database Service，RDS）。RDS 是专业的托管式数据库服务，提供全面的监控、故障修复、数据备份及可视化管理支持。

（3）简单缓存服务（Simple Cache Service，SCS）。SCS 提供高性能、高可用的分布式缓存服务。

（三）数据分析的服务

（1）百度 MapReduce（BMR）。BMR 是全托管的 Hadoop/Spark 集群，提供按需部署与弹性扩展集，用户只需专注于大数据处理、分析和报告工作，集群运维方面则由拥有多年大规模分布式计算技术积累的百度运维团队全权负责。

（2）百度深度学习平台 Paddle。百度深度学习平台 Paddle 是一个云端托管的分布式深度学习平台，具有对序列输入、稀疏输入和大规模数据的模型训练的良好支持。Paddle 支持图形处理器（Graphics Processing Unit，GPU）运算，支持数据并行和模型并行，提供了训练深度学习模型的接口服务，大大降低了用户使用深度学习技术的成本。

（四）其他服务

（1）人脸识别（Baidu Face Recognition，BFR）。BFR 基于业界领先的智能人脸分析算法，能为用户提供包括人脸检测、人脸识别、关键点定位、属性识别和活体检测等在内的一整套技术服务方案。

（2）光符识别（Optical Character Recognition，OCR）。OCR 依托业界领先的深度学习技术，提供了自然场景下对整图文字的检测、定位、识别等服务。光符识别的结果可用于翻译、搜索等代替用户输入的场景。

（3）文档服务（Document Service，DS）。DS 基于百度文库多年积累的文档处理技术，为用户提供 Office、WPS 等格式文档的存储、转码、分发服务。

（4）物接入。物接入是一个全托管的云服务，可以帮助用户建立设备与云端之间安全可靠的双向连接，以支持海量设备的数据收集、监控、故障预测等各种物联网应用场景。

另外，百度云平台还提供音视频转码、音视频直播、音视频点播、百度语音、简单邮件服务等服务。

六、腾讯云服务的平台

腾讯云平台的主要目的是创建高质量、优生态的平台，其以腾讯 QQ、微信以及腾讯游戏等相关业务的运营经验以及技术架构为基础，为企业和开发者带来集云计算、云数据以及云运营于一体的服务，进一步帮助企业能够灵活、高效地建立 IT 架构，从而快速顺利地进入"互联网+"时代。腾讯云给用户们带来的产品比较安全、稳定易用，包括云服务器、云数据库、CDN 和对象存储服务等基础云计算服务以及腾讯云分析、腾讯云推送等大数据运营服务。针对不同领域的独特需求，腾讯云还推出了一系列的行业解决方案。

（一）计算的服务

（1）云服务器（Cloud Virtual Machine，CVM）。CVM 是高性能、高稳定的云虚拟机，可在云中提供大小可调的计算容量，降低用户预估计算规模的难度，用户可以轻松购买自定义配置的机型，在几分钟内获取新服务器，并根据需要使用镜像进行快速的扩容。

（2）物理服务器（Cloud Physical Machine，CPM）。CPM是按需购买、按量付费的物理服务器租赁服务，提供云端专用的、高性能且安全隔离的物理集群。用户可自由选择机型和数量，获取服务器时间被缩短至4小时，服务器供应与运行维护工作则由腾讯云提供。

（3）弹性伸缩（Auto Scaling，AS）。AS能够根据用户的业务需求和策略自动调整计算资源。腾讯云平台的AS机制可以根据定时、周期或监控策略，恰到好处地增加或减少CVM实例并完成配置，保证业务的平稳健康运行。

（4）消息服务（Cloud Message Queue，CMQ）。腾讯云CMQ是分布式消息队列服务，能够在分布式部署的不同应用之间或者同一应用的不同组件之间提供基于消息的可靠异步通信机制，消息被存储在高可靠、高可用的CMQ队列中，多进程可以同时读写，互不影响。

（二）数据存储的服务

（1）对象存储服务（Cloud Object Service，COS）。COS是面向企业和个人开发者提供的高可用、高稳定、强安全性的云端存储服务。用户可以将任意数量和形式的非结构化数据存入COS，并在其中实现对数据的管理和处理。

（2）云数据库（Cloud DataBase，CDB）。CDB是腾讯云提供的关系型数据库云服务，支持MySQL、SQLServer等引擎，支持主从数据实时热备，并提供数据库运行维护全套解决方案。

（3）云存储Redis（Cloud Redis Store，CRS）。CRS是腾讯云提供的兼容Redis协议的缓存和存储服务，丰富的数据结构可以帮助用户完成不同类型的业务场景开发，同时提供自动数据备份、故障迁移、实例监控、在线扩容、数据回档等全套数据库服务。

（4）分布式云数据库（Distributed Database，DDB）。DDB是一种兼容MySQL协议和语法，支持自动水平拆分（即业务显示为完整的逻辑表，数据却均匀地拆分到多个分片中）的高性能分布式数据库。该数据适用于TB或PB级的海量数据存储。

（三）数据分析的服务

（1）腾讯机智机器学习（Tencent Machine Learning，TML）。TML是基于超大规模计算资源性能领先的开放并行计算平台，能够结合大量最流行的传统算法与深度学习算法，一站式简化用户对算法的接口调用、可视化、参数调优等自动化任务的管理工作。

（2）腾讯大数据处理套件（Tencent Big Data Suite，TBDS）。TBDS 是基于腾讯多年海量数据处理经验提供的可靠、安全、易用的大数据处理平台。用户可以按需部署大数据处理服务，实现报表展示、数据提取和分析、客户画像等大数据应用的数据处理需求。

（3）用户洞察分析（Customer Profiling，CP）。CP 基于腾讯庞大的数据处理能力与广泛的产品覆盖，为客户提供快速、精确以及多维度的用户群画像服务，解决运营决策、营销推广以及用户分析等业务问题。

（四）其他服务

（1）点播（Video on Demand，VOD）。VOD 汇聚腾讯的强大视频处理能力，提供一站式视频点播服务，同时，为用户提供灵活上传、快速转码、便捷发布、自定义播放器开发等一系列专业可靠的完整视频服务。

（2）直播（Live Video Broadcasting，LVB）。LVB 依托腾讯强大的技术平台，提供专业、稳定、快速的直播接入和分发服务，全面满足超低延迟和超大并发访问量的访问需求。

另外，腾讯云平台还在安全、通信等领域提供多项相关服务。

第二节 虚拟化技术

虚拟化技术是实现云计算最重要的技术基础。通过虚拟化技术，能够实现物理资源的逻辑抽象表示，提高资源的利用率，并能够根据用户不同的需求，灵活地进行资源分配和部署。

一、虚拟化技术的历史发展

虚拟化技术其实诞生已久，只是最近几年随着云计算技术的发展才得到了更广泛和深入的应用。纵观虚拟化技术的发展史，可以看到其目标始终如一，即实现对 IT 资源的充分利用。

（一）萌芽阶段

英国计算机科学家克里斯托弗·斯特雷奇（Christopher Strachey）曾发表了一篇学术报告，题为《大型高速计算机中的时间共享》（"Time Sharing in

Large Fast Computer"），在文中提出了虚拟化的基本概念，这篇文章被认为是虚拟化技术的最早论述，业界一般认为虚拟化这一概念的正式提出由此开始。

虚拟化技术最早在 IBM 大型机上得到应用。当时大型机是十分昂贵的资源，IBM 通过采用虚拟化技术对大型机进行逻辑分区以形成若干独立的虚拟机，作为一种充分利用资源的方式，有效解决了大型机僵化和使用率不足的问题。[1]

IBM 最早的虚拟化应用系统是 System/360Model67 系统和分时共享系统（Time Sharing System，TSS），这些系统通过虚拟机监视器虚拟所有的硬件接口，从而允许很多远程用户共享同一高性能计算设备的使用时间。同年，IBM 还发布了 M44 计算机项目，定义了虚拟内存管理机制，用户程序可以运行在虚拟的内存中，对于用户而言，这些虚拟内存就像多个虚拟机，为多个用户的程序提供了各自独立的计算环境。

1972 年，IBM 发布了用于创建灵活大型主机的虚拟机技术，该技术可以根据动态的需求快速而有效地分配各种资源，自此，一批拥有虚拟化功能的新产品涌现出来，这些机器在当时都具有虚拟机功能，可以通过虚拟机监控器在物理硬件之上生成若干可以运行独立操作系统的虚拟机实例。

（二）发展阶段

自诞生以来很长一段时间，虚拟化技术只在大型机上应用，在 PC 机的 x86 平台上由于受限于 x86 当时的处理能力比较缓慢。到了 20 世纪 90 年代，Windows 系统的广泛使用和作为服务器操作系统的 Linux 的出现，奠定了 x86 服务器的行业标准地位，同时 x86 平台的处理能力也与日俱增。

为了提升机器的基础架构利用率，VMware 公司在 1999 年推出了针对 x86 系统的虚拟化技术，并将 x86 系统转变成通用的共享硬件基础架构，以使应用程序环境在隔离性、移动性和操作系统等方面有选择的空间，随后，虚拟化技术在 x86 平台上得到了突飞猛进的发展。尤其是 CPU 进入多核时代之后，PC 机具有了前所未有的强大处理能力，而虚拟化技术的应用也大大提高了 PC 机的资源利用率。

（三）壮大阶段

进入 21 世纪之后，随着 IT 产业的发展，虚拟化的思路被进一步借用到存储、网络、桌面应用等其他领域，这些技术带给用户多样化的应用和选择，进而推动了虚拟化技术的广泛应用。

---

[1] 青岛英谷教育科技股份有限公司.云计算与大数据概论[M].西安：西安电子科技大学出版社，2017.

二、虚拟化技术的内涵阐释

以一个简单的例子来形象地理解操作系统中的虚拟化技术：内存和硬盘两者具有相同的逻辑表示，通过将其虚拟化能够向上层隐藏许多细节。例如，如何在硬盘上进行内存交换和文件读写，或者怎样在内存与硬盘之间实现统一寻址和换入/换出等。对使用虚拟内存的应用程序而言，它们仍然可以使用相同的分配、访问和释放指令来对虚拟化之后的内存和硬盘进行操作，就如同在访问真实存在的物理内存一样，用户看到的内存容量因此会增加很多。

（一）虚拟化概念的界定

计算机虚拟概念是把原始真实状态下的计算机系统在虚拟环境中运行，计算机系统组成包括硬件系统、操作系统和应用程序等。硬件系统包括计算机基础设备，比如主机显示屏、内存条等。操作系统是为应用程序编程提供接口并可以实现应用程序的运行。虚拟技术可以在不同计算机系统层次间应用，通过下层级提供类似真实的系统功能，上层级系统功能可以在中间层实现运行，中间层可以使上下级层次完成运行。

虚拟技术中需要引入中间层概念，会对虚拟化技术会有一定使用影响。随着计算机技术发展，这一问题有所改善，在实际应用中需要根据层次的不同假设相匹配的虚拟技术。现在使用比较多的虚拟技术包括基础设备虚拟化、计算机系统虚拟化、计算机软件虚拟化技术等。随着计算机产业不断发展，虚拟技术概念也在不断增大。比如，计算机硬件系统中的虚拟内存技术，是在计算机磁盘硬件存储空间中选取一部分，这部分空间主要存储系统中多余或者暂时不用的数据，当真实计算机系统需要使用这些数据时，可以将其读入磁盘空间中进行使用，这是目前使用比较广泛的虚拟技术之一，程序员可以利用虚拟空间存放较多数据，增加磁盘的使用功能。由于虚拟内存可以隐藏程序需要的存储和访问位置，可以统一规定一个地址，方便程序员查找。虚拟空间是一项隐藏技术，运行机制让人们感受不到其存在，这也标志着虚拟技术的核心发展。

（二）虚拟化技术的优势

通过对虚拟化技术的介绍，可以看出虚拟化技术具有以下几点优势。

（1）虚拟化技术可以大大提高资源的利用率。具体来讲，就是可以根据用户的不同需求，对CPU、存储、网络等共有资源进行动态分配，避免出现资源浪费。

（2）虚拟化技术可以提供相互隔离的安全、高效的应用执行环境。虚拟化简化了表示、访问和管理多种 IT 资源的复杂程度，这些资源包括基础设施、系统和软件等，并为这些资源提供标准的接口来接收输入和提供输出。由于与虚拟资源进行交互的方式没有变化，即使底层资源的实现方式已经发生了改变，最终用户仍然可以重用原有的接口。

（3）虚拟化系统能够方便地管理和升级资源。虚拟化技术降低了资源使用者与资源的具体实现之间的耦合程度，系统管理员对 IT 资源的维护与升级不会影响到用户的使用。

（三）虚拟化的目标

虚拟技术的主要意义是提升计算机基础设备、计算机系统和计算机软件程序应用的工作效率，为这些方面提供更有效的资源空间和信息传输。因为虚拟化技术的使用范围较广，包括终端用户、程序应用和接口服务等，可以在计算机基础设施改变状态下，降低对整个计算机系统的使用影响；终端用户可以重新使用以前的服务接口，因为虚拟化技术使用与基层设备本身的改变并无关系，因此接口的使用不会受到影响。

虚拟化技术可以提高计算机系统资源的黏合度。终端用户通过使用后可以不再需要计算机系统资源，计算机管理者对计算机系统升级后，可以大大减少对虚拟化技术的使用影响。

三、虚拟化类型

计算机系统的虚拟化一般分为三个方面，包括计算机软件虚拟化技术、计算机系统虚拟化技术、计算机基础设备虚拟技术。

计算机软件虚拟技术是在计算机软件程序应用基础上，采用计算机逻辑和计算机显示思维，终端用户要访问虚拟化软件应用时，用户可以把需要的人机交互数据传输到服务器，服务器根据用户指令运行需要被使用的计算机应用逻辑，然后将运行的图像反馈给终端用户，这个过程就是界面显示技术，终端用户可以获得更好的使用效果。

计算机系统虚拟技术是在一台计算机主机上虚拟出多个可以互相独立运行的虚拟器。一台计算机主机可以同时运行多个虚拟器，这些虚拟器之间相互分开运行，终端客户通过虚拟机计算器（Virtual Machine Monitor，VMM），进入实际的计算机资源并进行控制，系统虚拟化还具备很多特性，对于云计算平台的搭建具有帮助作用。

计算机基础设备虚拟化技术包含计算机存储虚拟空间技术和计算机网路虚

拟技术。存储虚拟是为计算机设备的存储空间提供窗口，终端用户可以点击窗口进入计算机存储资源；网络虚拟技术是把计算机软件资源和网络硬件资源进行组合，终端用户可以更好地体验虚拟网路服务。

四、虚拟化技术

虚拟技术的主要应用对象是互联网资源，根据计算机系统层级使用对应资源，可以划分出不同类型的虚拟化技术，包括计算机基础设备虚拟化、计算机系统虚拟化技术、计算机软件虚拟化技术。目前，计算机系统虚拟化技术使用较为广泛，比如软件 VMware Workstation，可以在计算机 PC 端建造一个逻辑虚拟硬件，终端用户能够在这个虚拟硬件上使用其他应用，在同一台计算机上，这个系统叫虚拟器。VMware Workstation 是计算机系统软件，功能包括虚拟器的创建和使用。下面对三种虚拟技术做详细论述。

（一）计算机基础设备虚拟化技术

信息系统的构成包括信息存储、系统文件、网络设施等，通常将计算机硬件虚拟化、计算机网路虚拟化、计算机存储虚拟化、文件虚拟化定义为计算机基础设备虚拟化。

计算机硬件虚拟化技术是通过使用软件在计算机硬件前提下，建造出一台标准计算机虚拟硬件，可以是 CPU、硬盘等，也可以当作一台虚拟器并安装虚拟系统。

计算机网络虚拟化技术是把搭建网路的硬件和软件资源相结合，给终端用户提供网络虚拟化技术。通过网络虚拟化，可以将网络分为局域网和广域网。局域网虚拟化中需要多个本地网络组成一个逻辑网络，或者由一个本地网络分为多个逻辑网络，以提高局域网的使用性能，如虚拟局域网（Virtual LAN, VLAN）。广域网虚拟化技术应用较多的是虚拟专网（Virtual Private Network, VPN），通过专用网络抽象连接。

存储虚拟化是为物理的存储设备提供统一的逻辑接口，用户可以通过统一的逻辑接口来访问被整合的存储资源。存储虚拟化主要有基于存储设备的虚拟化和基于网络的存储虚拟化两种主要形式：基于存储设备的虚拟化技术的典型代表为磁盘阵列技术（Redundant Arrays of Independent Disks, RAID），通过将多块物理磁盘组成磁盘阵列，构建了一个统一的、高性能的容错存储空间；基于网络的存储虚拟化技术的典型代表为存储区域网（Storage Area Network, SAN）和网络存储（Network Attached Storage, NAS），SAN 是计算机信息处理技术中的一种架构，它将服务器和远程的计算机存储设备（如磁盘阵列、磁带库等）连接起来，使得这些存储设备看起来就像是本地的一样；NAS 与 SAN 相反，使用基于文件（File-based）的协议，虽然仍是远程存储，但计算机请求的是抽象文件，而不是一个磁盘块。

文件虚拟化是指把物理上分散存储的众多文件整合为一个统一的逻辑接口，使用户通过网络访问数据时，即使不知道真实的物理位置，也能在同一个控制台上管理分散在不同位置的存储异构设备的数据，以方便用户访问，提高文件管理效率。

（二）计算机系统虚拟化技术

计算机系统虚拟化技术是目前广泛应用的虚拟技术，这项技术为从事互联网行业的人提供了很大帮助。虚拟技术可以使计算机系统和硬件分离，在一台计算机上可以同时安装多个虚拟系统，同时进行多个虚拟系统操作；应用程序启动在虚拟技术操作下，可以和计算机系统操作一致，计算机系统虚拟化的中心目标是在一台计算机上虚拟出多个虚拟器。

计算机虚拟技术可以在同一计算机上同时操作多个系统而互不干扰运行，重复使用计算机资源，如在 IBM z 系列大型计算机中运用虚拟系统技术，主要是基于 Power 架构的 BMP 服务器；虚拟技术也可以应用在 x86 架构上，不同的虚拟技术在运行环境下各展身手，但是所有运行机制都需要计算机设备为虚拟技术提供良好的硬件环境，包括虚拟处理器、虚拟内存空间、虚拟硬件设备和网络接口等，计算机系统本身也要具备网络共享、配置隔离功能等。

计算机 PC 端的虚拟技术需要在多元化的场景下使用，比较常用的是计算机本身运营和系统互相矛盾的应用程序，比如终端用户使用的是 Windows 系统的 PC 端，需要安装一个只能在 Linux 运行下使用的软件应用，虚拟技术采取的是在 PC 端构建一台安装 Linux 系统的虚拟器，这样软件便可以使用。虚拟化技术对于计算机系统更大的优势在于服务器虚拟技术，比如计算机数据中心使用 x86 服务器，这种大型的数据中心需要管理多台 x86 服务器，为了方便管理和控制，所有服务器都只对一个应用提供服务，导致系统服务器的使用率降低，如果每个虚拟服务器运行不同的服务，可以增大服务器的使用效果，降低成本，节省经济。

桌面虚拟技术也可以实现同一个计算机能够运行多个不同系统，桌面虚拟技术需要将 PC 端的桌面环境，包括一些软件应用和系统文件隔离，然后通过与计算机资源的组合，虚拟完成的桌面环境会保存在远程服务器上，不会存在

PC端的计算机硬件里。因此，桌面环境上所有需要运营的程序和数据都会存在这个服务器里，这样终端用户可以使用网页或者实际端自由进入自己的桌面应用。

（三）计算机软件虚拟化技术

虚拟技术包括计算机软件的虚拟技术，也包括终端用户使用的软件应用和编程系统，在软件虚拟环境下都可以应用，现在使用较多的软件虚拟技术包括应用程序虚拟技术和语言虚拟技术。

应用程序虚拟技术是给应用程序提供虚拟的运行外边环境。在这个状态中，包括应用程序的软件程序，也包括运行程序虚拟技术的特定环境。通过将计算机应用软件程序和系统操作相结合，虚拟服务器可以时刻将终端用户需要运行的程序传递到界面操作环境，在完成操作关掉应用后，整个过程反馈的信息都会上传至服务集中管理器。因此，终端用户可以在不同客户端使用相关程序。

目前常用的应用虚拟化产品具体有以下几款。

（1）App-V（Application Virtualization）。其前身是SoftGrid，是微软收购Softricity之后在SoftGrid基础上改进的产品，它主要用于企业内部的软件分发，方便了对企业桌面的统一配置和管理。App-V的优点包括支持同时使用同一程序的不同版本，并在客户端第一次运行程序时可以实现边使用边下载等。

（2）VMware ThinApp。其前身是Thinstal，后来被威睿（VMware）公司收购，主要用于企业软件分发。该产品的优点是不需要第三方平台，能够直接把软件打包成单文件，分发简单，并支持同时运行一个软件的多个版本。

（3）SVS（Software Virtualization Solution）。SVS是赛门铁克（Symantec）公司旗下产品，主要用于企业软件分发。它的虚拟引擎和虚拟软件包是分离的，能做到对应用程序的完美支持，包括支持Windows外壳扩展的程序、支持封装环境包（.NET框架、Java环境）、支持封装服务。

（4）Install Free。业界后起之秀，能够实现软件的随处免安装使用。通常而言，用户需要把软件正常安装后的文件都打包，但如果软件所在的系统包含多种不相关的其他软件，或者说系统不干净，就会造成打包文件的不完整，软件分发到其他计算机后容易出现无法使用的情况。而Install Free很好地解决了系统不干净情况下打包软件无法使用的问题，具有更好的兼容性。

（5）沙盘（Sandbox IE），主要用于软件安全测试和使用，结构像软件的牢笼，将软件固定，并在其中使用。在整个环境下，每个软件的运行都不会受到系统影响，假如需要安装的软件带有病毒，Sandbox IE能够轻松地被卸载，对系统起到保护作用。

（6）云端软件平台（Softcloud）。其主要应用在国内较好的软件中，其原理与 SVS 相同，使用对象定位不是企业而是个人使用，因其专业定位较强，在个人使用上解决了很多问题。主要作用是该应用软件不用安装，用户无需填写个人注册表，只需点击便可以使用，在这套平台上用户可以将没有用的软件一键卸载，不会有任何软件残留，最有利的一点是系统重新安装后，所有应用软件无需再重新安装，因为云端平台能够储存目录，安装云端后可以点击目录，并选择需要恢复的软件进行恢复。高级语言虚拟技术主要解决可执行软件的空间转移等。

五、虚拟化的应用范畴

根据虚拟化技术的应用领域，可将虚拟化技术分为应用程序虚拟化、服务器虚拟化、桌面虚拟化、网络虚拟化与存储虚拟化，下面对这几类技术分别进行论述，具体如下所示。

（一）应用程序虚拟化

应用程序虚拟化是 SaaS 的基础，是把应用程序对底层系统和硬件的依赖抽象出来，从而解除应用程序与操作系统及硬件的耦合关系。应用程序运行在本地应用虚拟化环境中时，这个环境为应用程序屏蔽了底层可能与其他应用产生冲突的内容。

应用程序虚拟化把程序安装在一个虚拟环境中，与操作系统隔离，极大地方便了应用程序的部署、更新和维护。目前常用的应用程序虚拟化产品有微软的 App-V 等。将应用程序虚拟化技术与应用程序生命周期管理结合运用，通常效果更好。

应用程序虚拟化技术具有以下几个特点。

（1）在部署方面：不需安装，应用程序虚拟化技术的程序包会以流媒体形式部署到客户端，类似于绿色软件，只要复制就能使用；无残留信息，应用程序虚拟化技术并不会在虚拟环境被移除之后，在主机上产生任何文件或者设置；不需要更多的系统资源，虚拟化应用程序和安装在本地的应用一样，仅与服务端进行交互时使用本地驱动器、CPU 与内存；可事先配置，虚拟化的应用程序包本身已经涵盖了程序所需的一些配置。

（2）在更新方面：更新方便，只需在应用程序虚拟化的服务器上进行一次更新即可；无缝的客户端更新，一旦在服务器端进行更新，客户端便会自动地获取更新版本，无需逐一更新。

（3）在支持方面：能减少应用程序间的冲突，由于每个虚拟化过的应用程序均运行在各自的虚拟环境中，所以并不会有共享组件版本的问题，从而减少了应用程序之间的冲突；能减少技术支持的工作量，虚拟化的应用程序与传统本地安装的应用不同，需要经过封装测试才能进行部署，此外也不会因为使用者误删除了某些文件而导致程序无法运行，从这些角度来说，应用虚拟化可以减少使用者对技术支持的需求量；增加软件的合规性，虚拟化应用程序可针对有需求的使用者进行权限配置，便于管理员进行软件授权的管理。

（4）在终止方面：完全移除虚拟化环境里的应用程序并不会对本地计算机产生任何影响，管理员只要在管理界面上进行权限设定，就可以使应用程序在客户端上停止运行。应用程序虚拟化技术在使用时，需要考虑以下几点。第一，安全性。应用虚拟化技术的安全性由管理员控制。管理员需要考虑企业的机密软件是否允许离线使用，并决定使用者可以使用的软件及其相关配置。此外，由于应用程序是在虚拟环境中运行，应用虚拟化技术能在一定程度上避免恶意软件或者病毒对程序的攻击；第二，可用性。在应用程序虚拟化技术中，相关程序和数据集中存放，使用者需要通过网络下载，因此管理员必须考虑网络的负载均衡以及使用者的并发量；第三，性能。采用虚拟化技术的程序运行时，需要使用本地CPU、硬盘和内存，因此其性能除了网络速度因素，还取决于本地计算机的运算能力。

（二）服务器虚拟化

服务器虚拟化技术可将一个物理服务器虚拟成若干个服务器来使用。关于服务器虚拟化的概念，各个厂商有不同的定义，但其核心思想是一致的，即它是一种简化管理和提高效率的方法，能够通过区分资源的优先次序并将服务器资源随时分配给最需要的任务，从而减少为单个任务峰值而储备的资源。

利用这种技术能够让用户实现虚拟服务器的动态开启，使得操作系统（包括可以云顶的所有程序）将虚拟机当作一种实际硬件，虚拟机若是连续运行，则计算潜能也发挥到最大，这样才可以在面对数据不断变化时，快速反应和处理。

1. 服务器虚拟化界定

服务器虚拟化是通过单个物理机器，将若干个虚拟主机虚拟出来，而且每一个虚拟主机都被分隔开，操作系统的运行也各自进行，任何操作系统可以在虚拟机管理器帮助下取得真实的物理资源，然后将获得的资源进行管理。从原理上来看，虚拟主机可以使用同一组物理资源，并且没有数量制约，可以连续使用，而且虚拟机管理器还可以实现资源策划和共享功能，之后根据得出来的计算资源传递到上层设备。

虚拟机系统的内存虚拟化一般按照划分方式进行，这种方式也会经常出现在输入或者输出设备虚拟化方面。例如，磁盘设备。但并不是所有的虚拟机系统都是根据这种方式进行划分，如 CPU 和共享设备虚拟化就是通过共享方式划分的。服务器虚拟化在服务器方面使用了系统虚拟化技术，并且可以创建多个能够单独运行的虚拟机服务器。按照虚拟化层不同的实现方式，可以将服务器虚拟化划分出下列两种类型：一种是寄宿虚拟化，另一种是原生虚拟化。

服务器虚拟化主要是针对以下三种资源进行虚拟化：第一种是 CPU，第二种是内存，第三种是设备和 I/O。除此之外，为了能够将动态资源很好地整合在一起，目前所使用的服务器虚拟化大部分可以进行虚拟机迁移。

（1）CPU 的虚拟化存在于 x86 架构中，并且划分出 4 个运行级别：Ring 3、Ring 2、Ring 1 和 Ring 0，运行级别最高的是 Ring 0，任何下发的系统指令都可以运行；Ring3 级别通常运行应用程序，无法执行特权指令。如果要把虚拟化运用在 x86 架构中，需要将虚拟化层添加到操作系统层下，因为虚拟化层运行的地方是 Ring0，所以，操作系统只能运行高于 Ring 0 级别，但是特权指令没办法脱离 Ring 0 级别来执行，这就引发了矛盾。矛盾的化解办法有两种：一种全虚拟化，一种半虚拟化，下面针对这两点解决方法进行简单讲述。

全虚拟化通过二进制代码翻译实现。也就是说，开始运行虚拟主机时，在特权指令之前插入陷入指令，将陷入指令融入监视器中，之后主机监视器可以将这些指令全部进行转换，变成具有一样功能的指令，然后开始执行。要达到全虚拟化技术，不需要再更改客户操作系统，但是进行转换指令的过程存在一定程度的性能开销。

半虚拟化的实现前提是将客户操作系统进行更改，将超级调用当作一种特权指令，这样可以处理特权指令运行时所出现的问题。半虚拟化以及全虚拟化都可以统称为 CPU 虚拟化技术，不论是二进制翻译还是超级调用，都是无法完全阻止性能开销的出现。超威半岛体公司（AMD）和英特尔将虚拟化技术 AMD-V 和 Intel VT 进行推广，利用处理器运行模式以及新指令，实现 CPU 虚拟化的部分功能。所以，客户操作系统能够借助硬件辅助虚拟化技术实现运行的条件，对于性能开销也会大幅度下降。

（2）内存的虚拟化主要是把物理内存全部集合在一起进行管理，分隔出每个虚拟机的空间。虚拟机监视器是通过虚拟机内存管理单元实现,并且在此基础上将主机内存和逻辑内存进行相互映射。它们彼此的映射关系主要由内存虚拟化管理单元进行管理,能够划分为两种方法,分别是影子页表法以及页表写入法。

影子页表法。若是客户对自己页表进行维护时,这个页表会维护物理内存和逻辑地址相互存在的映射关系。虚拟机监视器是帮助虚拟主机对对应的页表进行维护,在页表里面还储存着物理内存和虚拟内存所存在的映射关系。使用这种方法的例子较多,如 VMware ESX Server 和 KVM 等。

页表写入法。如果客户操作系统要新建立一个页表,第一步是在虚拟机监视器上注册新页表。虚拟机监视器同样会对这个新页表进行维护,同时把物理主机地址连同虚拟主机逻辑地址所具有的映射关系进行纪录。当客户操作系统需要更新这个页表时,虚拟机监视器会自动更改页表。简单总结下来是,页表写入法需要更改客户操作系统,例如,目前比较流行的 Xen 虚拟化使用的就是这个方法。

(3)设备和输入/输出的虚拟化不但包含 CPU 和内存,同时比较关键的部件设备和输入/输出也包含在内。设备和输入/输出的虚拟化管理的是物理机器设备,通过进行适当的包装之后将其变成若干个虚拟化设备,然后在供给虚拟主机,同时可以实现多台虚拟主机的共同响应。这种方法一般是通过软件方式达成。标准化可以让虚拟主机单独脱离基本的物理设备进行运行,同时方便后期转移虚拟机的一系列工作。

2. 服务器虚拟化的特征及优点

服务器虚拟化的主要特征如下所示。

(1)隔离性。服务器虚拟化可以把物理主机上的虚拟机全部进行分离,每一个虚拟机都与物理主机相通,任意一个虚拟机都会存在自身的独有空间。如果出现一台虚拟机故障,对于其他虚拟机不会造成太大影响。

(2)多实例性。利用服务器虚拟化技术处理多实例物理主机时,可以使多个服务器开始运行,不但可以实现多个操作系统的运转,而且可以将物理系统的资源合理分配到每一个虚拟机。

(3)封装性。服务器虚拟化处理时,可以从外部表现看出实现虚拟机环境的独立实体,那么以后在不同硬件设备需要备份或者是复制移动时就会更加方便快捷。

(4)兼容性。另外,服务器虚拟化技术还会将物理主机硬件变得更加标准化，以此方便每台虚拟机的运行和操作，也会将系统兼容性得到有效提升。

根据上述描述特征，可以将服务器虚拟化技术总结出下列优点。

（1）在传统数据中心要实现部署，至少需要十几个小时，整个工作流程非常复杂，如操作系统和应用的安装、系统配置、测试以及运行等，在进行部署时容易出现错误。但是，利用服务器虚拟化技术进行处理，部署应用就变得简单很多，可以说是将封装完好的系统和应用进行部署，其中过程只需要使用几个简单操作就能够实现，例如，拷贝、启动和配置虚拟机。整个部署过程十几分钟便可以完成，而且全部是自动化处理，因此大大降低了过程中出现的安装错位。

（2）在传统数据中心，考虑到安全性以及管理问题，会让资源利用率变得较低，往往有很多服务器只是单纯地运行一个应用，一旦使用服务器虚拟化技术，只需要将原来服务器应用进行整合，统一放到一个服务器上，这样可以将资源利用率进行提升，并且因为服务器虚拟化具有一定隔离性、封装性以及多实例性，也能够在一定程度上保证安全性以及其他特征。

（3）实时迁移是指运行虚拟机时，会把一台虚拟机中所有应用全部转移到另一台虚拟机中，整个过程用户都可以看到。因为服务器虚拟化所具有的封装性，在进行迁移时可以让原宿主机以及目标宿主机两者之间产生一个平台异构性。如果一台物理服务器更新了硬件，那么迁移时就能够在不产生任何影响的情况下，将上面的虚拟机进行完全转移，对于可用性问题得到很好解决。

（4）根据虚拟机内部资源决定资源调度和兼容性问题，用户可以根据自己的意愿对资源配置进行调整。例如，内存和CPU等。封装性以及隔离性让运行平台之间相互隔离，可以大幅度提升系统兼容性。

3. 服务器虚拟化的架构

在服务器虚拟化技术中，被虚拟出来的服务器称为虚拟机；运行在虚拟机里的操作系统称为客户操作系统（Guest OS）；负责管理虚拟机的软件称为虚拟机管理器（Virtual Machine Monitor，VMM），也称为Hypervisor。

服务器虚拟化通常有两种架构，具体如下所述。

（1）寄生架构。一般而言，寄生架构的VMM需要安装在操作系统上，然后用虚拟机管理器创建并管理虚拟机，如Oracle公司的Virtual Box应用。在寄生架构中，VMM看起来像是"寄生"在操作系统上的，因此该操作系统称为宿主操作系统。

（2）裸金属架构。顾名思义，裸金属架构是指将VMM直接安装在物理服务器上，再在 VMM 上安装其他操作系统（如 Windows、Linux 等），而无需预装操作系统。由于 VMM 是直接安装在物理计算机上的，因此称为裸金属架构，如 KVM、Xen、VMware ESX 等系统应用的就是此类架构。裸金属架构是直接运行在物理硬件之上的，无需通过主机操作系统（Host OS），所以性能比寄生架构更高。

4. 服务器虚拟化的技术分类

服务器虚拟化技术按照实现原理，主要分为基于 CPU 的虚拟化、基于内存的虚拟化和基于设备与 I/O 的虚拟化三种类型。

（1）CPU 虚拟化。CPU 虚拟化是指将物理 CPU 抽象成虚拟 CPU，这样物理 CPU 可以把原来空闲的 CPU 时间分配给多个虚拟 CPU 使用，从而大大提高物理 CPU 的利用率。在 Intel、AMD 等厂商的设计蓝图中，CPU 虚拟化技术的最终目标是可以用单 CPU 模拟多 CPU 并行，允许一个平台同时运行多个操作系统，从而显著提高计算机的工作效率。

（2）内存虚拟化。对于物理内存达成统一管理，在原来基础上进行包装，形成多个物理内存，然后再将它们提供给虚拟机，这样可以让每个虚拟机都能有自己的单独空间，相互之间没有影响和干扰。

（3）设备与 I/O 虚拟化。对于主机上的设备进行统一管理，对其进行包装并变成若干个虚拟设备，然后提供给虚拟机运用，使得每个虚拟机设备都可以响应其请求。

5. 服务器虚拟化的功能

下面讲述服务器虚拟化的重要功能具体有以下几方面。

（1）多实例：多个虚拟服务器能够在一个物理服务器上运行。

（2）隔离性：对于虚拟服务器而言，每一个虚拟机都是被相互隔离开的，能够保证它们之间的可靠性和安全性。

（3）无知觉故障恢复：进行虚拟机迁移时，能够把故障不明显的虚拟机快速转移到其他好的虚拟机上。

（4）负载均衡：通过调度以及分配技术可以让虚拟机和主机的利用率达到持平状态。

（5）统一管理：这种方便快捷的管理界面可以管理很多虚拟机的生成、停止、负荷以及监控等。

（6）快速部署：完整的系统会配置部署机制，其作用是对虚拟机或者对操作系统没有任何差别地进行部署和升级。

（三）桌面虚拟化

桌面虚拟化是指由服务器端保存多用户的不同桌面环境，用户可以使用个人终端通过网络访问服务器端的个人桌面并操作个人系统。桌面虚拟化的代表产品有微软公司的远程桌面。桌面虚拟化依赖于服务器虚拟化，服务器通过虚拟化生成大量独立的桌面操作系统（虚拟机或者虚拟桌面），用户终端设备则通过特定的虚拟桌面协议对其进行访问。

桌面虚拟化具体具有以下几个功能。

（1）集中管理维护功能。将 PC 环境及其他客户端软件集中在服务器端管理和配置，加大对企业数据、应用、系统的有效管理、维护、控制，削减现场完成的工作数量。

（2）连续使用功能。当客户端用户使用的不是同上次一样的虚拟机时，之前的配置及存储文件仍然可用。

（3）故障恢复功能。主要指把用户的桌面环境存储于多个虚拟机，通过对虚拟机采取快照、备份等操作，解决桌面故障，还原用户桌面，同时能够转移到其他虚拟机上继续工作。

（4）用户自定义功能。用户可以按照个人爱好，自行选择或定制桌面操作系统、系统显示风格、默认环境变量，甚至是设计其他自定义程序等。

（四）网络虚拟化

网络虚拟化是 IaaS 的基础和前提，通过网络虚拟化让单个物理网络容纳下多个逻辑网络，且保留这些逻辑网络，设计原有的层次结构、数据通道乃至之前可以提供的各种服务，确保此次用户体验和仅使用物理网络时一样。除此之外，网络虚拟化技术还能够充分调动各种网络资源，发挥资源的最大功效。目前的网络虚拟化技术包括 VPN、VLAN 两种，无论是哪一种都能够有效改善网络性能，提高网络的安全性和灵活性。

VPN 是一种利用公用网络架设专用网络的技术。在 VPN 网络中，任意两个节点的连接并不是由传统专网的端到端物理链路，而是架构在公用网络服务商提供的各大网络平台。VPN 是通过对公网进行加密，形成一个数据通信隧道。凭借 VPN 技术，不论用户处于何时何地，只要连接互联网便可以使用 VPN 访问内网资源。

VLAN 是一种将局域网设备从逻辑上划分为一个个网段，通过它来完成虚拟工作组数据交换的技术。VLAN 技术的出现，使得管理员能够从实际应用需求出发，对同一物理局域网内的不同用户进行逻辑划分，使其成为独立的广播域。任何一个 VLAN 内都含有一组具有一致需求的计算机工作站，它们和物理上局域网的属性相同，但是由于这些工作站源于逻辑划分，并非物理划分，因此同一个 VLAN 内的计算机工作站不要求在同一个物理范围中，也就是说，它们可以处在不同的物理 LAN 网段。通过分析 VLAN 的特点得知，单个 VLAN 内部的广播和单播流量对其他 VLAN 并不产生影响，使用 VLAN 技术，可以降低流量消耗、减少设备投入、优化网络管理，增强局域网的安全性。

在云计算技术的不断发展中，网络虚拟化技术应用迎来了新的突破，出现两种新的应用场景。第一种，借助网络虚拟化分割功能，能够把不同企业机构进行隔离，并且可以在同一网络上对其展开访问，完成物理网络到虚拟化网络的纵向分割。倘若将一个企业网络按需要分隔成多个不同的子网络，并对所有子网络采取不同的规则进行控制，用户能够有效调动基础网络的虚拟化路由功能，而无需部署多套网络建立隔离。第二种，通过网络虚拟化技术对多台物理设备进行连接整合，使其形成一个联合设备，且把其当成单一设备进行管理和使用。多台盒式设备的整合就像一台机架式设备，多台框式设备的整合则好比增加了槽位。得到的联合设备在网络中以网元节点呈现，有效提高网络管理和资源配置效率，跨设备的链路聚合，简化了网络架构。

网络虚拟化技术具体具有以下几个特点。

（1）大幅节省企业的开销。通常只需要一个物理网络即可满足企业的服务要求。

（2）简化企业网络的运维和管理。使用虚拟化技术后，在逻辑层上使用简单的操作即可对多层及多个网络进行统一管理。这提高了企业网络的安全性。使用虚拟化技术后，通过一个物理网络便可以把安全策略发到基于它的各个虚拟网络上，并且这些虚拟网络属于逻辑隔离，其中一个虚拟网络的操作、变化、故障等对其他虚拟网络不会产生影响，有效增强了企业网络的安全性。

（3）提升企业网络及业务的可靠性。比如，采用虚拟化技术把虚拟网络中多台核心交换机连接成一台，由此降低个别交换机故障对整个业务系统的影响。

（4）满足新型数据中心应用运行要求。云计算、服务器集群技术等新数据中心应用对数据中心和广域网的性能、可扩展性等虚拟化能力提出更高要求。凭借网络虚拟化技术，企业可以将园区和数据中心中的网络通过广域网扩展到企业各地的小型数据中心、灾备数据中心等。

（五）存储虚拟化

对于大中型信息处理系统，单个磁盘根本无法满足需要，由此，存储虚拟化技术应运而生。存储虚拟化指运用一定方法，将各个存储介质模块（如硬盘）集中到存储池内进行统一管理。从主机和工作站的角度看，经存储虚拟化得到的是一个分区或卷，如同超大容量（如1TB以上）的硬盘，而非大量分散的存储设备。存储虚拟化通过整合零散的存储资源，为使用者提供一个大容量、高数据传输性能的存储系统。

存储虚拟化具有以下功能。

（1）存储虚拟化可以集中统一管理大容量存储系统。通过网络中一个环节（如服务器）进行统一管理的方法，规避存储设备扩充对管理的消极影响。对于一般存储系统来说，当增加新的存储设备时，整个系统，甚至网络中多个用户设备都必须重组或再配置，才能接纳这一新设备；同样的情况，在存储虚拟化技术中，只需要网络管理员对存储系统的配置稍作调整即可，而且对客户端没有丝毫影响，仅仅是有存储系统的容量增大这一变化。

（2）存储虚拟化扩大了存储系统的整体访问带宽。存储系统包含众多存储模块，而存储虚拟化系统能够较好地平衡这些存储模块，将每次数据访问所需的带宽合理地分配到各个存储模块上，有效扩大系统的整体访问带宽。假设一个存储系统由四个存储模块组成，每一个存储模块的访问带宽为50MB/s，那么使用存储虚拟化系统之后，系统的整体访问带宽相当于各存储模块的带宽之和，即200MB/s。

（3）存储虚拟化技术对零散的存储资源进行整合，提高了整体利用率，降低了系统管理成本，极大地节省了企业的时间和金钱。对于常规企业，存储虚拟化一般在存储资源性能相仿且零散分布的情况下使用。

业界主流的存储虚拟化产品主要有易安信公司的VPLEX、飞康公司的NSS（Network Storage Server）等。

第三节　数据存储技术与资源管理技术

一、数据存储技术

为保证高可用、高可靠和经济性，云计算采用分布式存储的方式来存储数据，采用冗余存储的方式来保证存储数据的可靠性，即为同一份数据存储多个副本。云计算的数据存储技术主要有谷歌的非开源的 GFS 和 Hadoop 开发团队开发的开源的 HDFS。大部分 IT 厂商，包括雅虎、英特尔的"云"计划采用的都是 HDFS 的数据存储技术。云计算的数据存储技术未来的发展将集中在超大规模的数据存储、数据加密和安全性保证以及继续提高 I/O 速率等方面。下面以 HDFS 和键值存储系统为例进行具体阐述。

（一）HDFS

1. HDFS 的作用

HDFS 是一个专门为普通硬件进行设计，并提供服务的分布式文件系统，同时也是 Hadoop 分布式软件架构的基本组成成分。

HDFS 在设计初始阶段，可以详细归纳出几点假设。

（1）硬件错误属于正常状态。

（2）流式数据以访问为主，具有吞吐功能强的特点。

（3）存储文件中大部分都是数据集。

（4）文件修改选取尾部追加方式。

根据以上几点假设，分布式文件系统是在很多廉价硬件基础上进行设计的，经常应用在大数据软件程序当中，并体现出容错性强、吞吐率高等特点。分布式文件系统通过文件及目录方式来管理用户信息，以及支持系统中的很多处理程序，如创建、修改、复制以及删除等。HDFS 文件系统为程序应用提供了 Java API，同时对这组 C 语言进行封装。用户可在命令接口处和数据相互联系，采用容许流式访问系统中的数据。除此之外，HDFS 还传输了一组管理信号，主要作用是管理 HDFS 集群，这些命令信号主要有设置元数据节点（NameNode）、添加、删除数据节点（DataNode）等，以及监控系统实际状况等。

2. HDFS 的基本元素

（1）数据块（Block）。HDFS 标准容纳量是 64MB 的数据块。与一般文件系统具有相同之处的是，HDFS 中的文件被分割成大小相等的 64MB 的数据块进行存储；与一般文件系统具有区别的是，在 HDFS 系统中，当文件大小没有超过数据块时，则文件不会占据数据块存储空间。

（2）元数据节点和数据节点。元数据节点主要功能是管理文件系统中的空间，把全部元数据都储存在一个系统中，而所有信息也会储存在硬盘上，例如，空间镜像以及日志等，还能够储存文件，文件包含有数据块类型与个数、设置数据节点等。但是，这些信息与硬盘没有任何关系，更不可能存在存储关系，而是在系统启动期间，通过数据节点进行获取的。数据节点在系统中主要发挥的是存储功能，并且能够输入或读取客户端信息或元数据信息，同时定期向元数据节点反馈数据块信息。经过复制而形成的备用节点与元数据节点有明显区别，两者承担的职责也有区别。备用节点的主要功能是定期将修改日志与镜像文件结合在一起，避免出现日志文件过大的现象。

3. HDFS 文件读的操作流程

客户端（Client）用 FileSystem 的 open（）函数打开文件 Distributed FileSystem，用 RPC 调用元数据节点，得到文件的数据块信息。对于每一个数据块，元数据节点返回保存数据块的数据节点的地址。Distributed FileSystem 返回 FSDataInputStream 给客户端，用来读取数据。客户端调用 stream 的 read（）函数开始读取数据。DFSInputStream 连接保存此文件第一个数据块的最近的数据节点。Data 从数据节点读到客户端，当此数据块读取完毕时，DFSInputStream 关闭和此数据节点的连接，然后连接此文件下一个数据块的最近的数据节点。当客户端读取完数据的时候，调用 FSDataInputStream 的 close（）函数。在读取数据的过程中，如果客户端在与数据节点通信出现错误，则尝试连接包含此数据块的下一个数据节点。失败的数据节点将被记录，以后不再连接。

4. HDFS 文件写的操作流程

客户端调用 create（）来创建文件，Distributed FileSystem 用 RPC 调用元数据节点，在文件系统的命名空间中创建一个新的文件。元数据节点首先是确定文件不存在，并且客户端有创建文件的权限，然后再创建新文件。Distributed FileSystem 返回 DFSOutputStream，客户端用于写数据。客户端开始写入数据，DFSOutputStream 将数据分成块，写入 Data queue。Data queue 由 Data Streamer 读取，并通知元数据节点分配数据节点，用来存储数据块（每块默认复制 3 块）。分配的数据节点放在一个 pipeline 里。Data Streamer 将数据块写入 pipeline 中的第一个数据节点。然后第一个数据节点将数据块发送给第二个数据节点，最后第二个数据节点将数据发送给第三个数据节点。DFS OutpmStream 为发出去的数据块保存了 ack queue，等待 pipeline 中的数据节点告知数据已经写入成功。

数据节点在输入过程中没有顺利完成，pipeline 程序关闭，将 ack queue 中所具有的数据块输入 data queue 程序中。现阶段已经储存的数据块被赋予了新标签，而错误节点在重新启动之后，可以感知到这些陈旧数据块，进而删除。将 pipeline 程序中无效的数据节点移除，其他数据块输入至 pipeline 中的另外两个数据节点。元数据节点接收到数据块数量不够这样的信号，再进行复制以提供更多备份。客户端完成数据输入之后，就会选用系统中的关闭函数。这个处理流程将全部数据块都输入至 pipeline 中，同时在 ack queue 返回完成之后，元数据节点输入才能结束。

5. HDFS 的存储设计

要想发挥文件存储功能以及体现出可靠性，HDFS 详细总结了以下几个设计方案。

（1）冗余存储。大文件以数据块形式被储存至 HDFS 当中，所有数据块都会经过复制过程而产生更多副本，体现出数据节点具有容错性的特点。

（2）错误恢复。数据节点会定期传输数据包至名字节点，如果出现心跳数据包没有顺利传输出去的情况，表明名字节点出现问题，而且名字节点不会显示出关于心跳的数据节点宕机，同时也不会再有新请求，如果数据节点宕机造成复制因素没有达到标准时，那么名字节点就会弥补复制功能。

（3）集群重新配置。如果数据节点空间大小没有出现大于或者等于极限值的现象，那么 HDFS 会自动把一些数据在不同节点之间进行转移，如果系统对一些文件浏览量过高时，HDFS 会自动进行复制，进而增加这个文件数量，使集群访问达到平衡状态。

（4）数据完整性检查。HDFS 客户端通过数据节点获取信息之后，再实施校验与检查等步骤。

（5）元数据磁盘失效。要想随时都能应对因名字节点失去功能而系统出现事故这种情况，HDFS 可以复制一些重要数据。例如，日志以及文件系统镜像等，为名字节点宕机迅速还原至另外一些机器上提供方便。

根据以上内容能够得知，HDFS 选取了不同技术对文件进行储存，然而，磁盘空间以及访问效率却受到了影响，从系统可靠性方面进行分析，即使受到影响也是值得的。

（二）键值存储系统

键值存储系统的主要任务是储存大量不同类型数据。例如，半结构化以及非结构化类型等，应对用户使用量以及数据量增加的这种情况。从早期关系数据库系统方面进行分析，要想完成这种任务望尘莫及。这个平台存在的意义不是争取成为独一无二的存储系统，而是展示其辅助和弥补功能。

1. 键值存储系统与关系数据库系统的区别

尽管键值存储系统与关系数据库系统都属于管理数据，并且两者在未来会实现共存，然而这两个系统之间的差异性也非常明显。

（1）在关系数据库系统中，数据库构成成分非常复杂，主要以表为主，表分为行与列，行再分为不同列的数据值，表中的行都选取一样的策略方式。而在键值存储系统中，却没有前者所具有的表以及策略。这个系统通常包括域或桶，不同的域或桶中含有无数条数据记录。

（2）关系数据库具备非常优秀的数据机制，具体分为应对措施、表之间的关系等。数据之间的关系产生，是以大量数据为前提，与上层应用的作用及要求没有联系。数据记录仅仅是选取一个标识进行收集与辨别，数据关系的定义并没有形成。

（3）关系数据库的主要任务，是提升数据的传送效率以及降低数据冗余量，通常情况下，键值存储系统应该减少数据冗余进而确保数据可靠性。

（4）关系数据库经常用于储存和搜索传统数据，如字符、数字等。而键值存储系统经常用于储存与搜索庞大的非关系型数据。

总而言之，以上两种不同类型的系统，本质上存在明显区别，相同情况下，键值存储系统在可扩展性方面有着非常显著的优势，在搜索与处理庞大的非关系数据方面等同样具有优势。

现阶段，将两个系统进行对照，在效果呈现方面，键值存储系统更加突出，详细内容如下描述。

一方面，键值存储系统对于云计算模式来说，起到了弥补性作用，由于云计算模式应该满足用户个性化要求，而键值存储系统恰恰弥补了这一点。要想将包含巨大数据量的系统伸缩需求，配置少量服务器来操作，选择键值存储系统来处理就是最佳办法。

另一方面，键值存储系统这个平台应用成本不高，同时还有着潜在的发展空间，一般情况下，用户按照自己的实际情况进行搭配，其搭配额度随着需求的变化而发生变化。这个平台通常运行在廉价 PC 服务器集群上，不会出现因购买高性能服务器而付出高价成本的情况。

在与关系数据库进行对照的情况下，键值存储系统这个平台，在解决数据过程中会体现出某些缺点。比如，关系数据库具有限制性特点，确保数据即便处于最低级别依然具有全面性，而键值存储系统就放宽了许多，甚至没有限制性以及全面性等这些条件。由于这个平台没有限制，因而程序员必然担负着数据全面性的职责。关系数据库具备标准化的搜索语言连接的地方，而不同键值存储系统之间却不具备，因此，兼容性问题是目前这个平台将要迎接的挑战。

2. 键值存储系统的类型

随着互联网快速发展，非关系型数据处理需求日益增大，业界和学术界投入了大量财力和人力开发新的键值存储系统，或模仿现有的一些系统达到开源实现，以满足自身发展需要的需求和作用，多种开源系统和商业产品现已成型。

这类系统中最具代表性的，当属谷歌公司的 Bigtable 和亚马逊的 Dynamo 系统。很多系统都是以这两个系统的设计思路为基础研究和设计，开发出能够满足自身发展需要的系统。按照系统架构和数据模型，键值存储系统分为以下三种。

（1）类 Bigtable 系统，如 Hypertable、Hbase 等，都是以 Bigtable 系统为蓝本。这类系统架构模式，实行文件存储和数据管理分层。Bigtable 设计了一个文件存储系统 GFS，以其 GFS 为蓝本，设计出只负责管理数据逻辑的 Bigtable 系统。这类系统的数据模型较为完备，类似于传统关系数据库，包含两个逻辑层次，分别负责数据存储和数据描述以及处理。这类系统实现文件存储和数据管理分层后，其容量可扩展性变得强大，上层数据管理系统操作也较简单。

（2）类 Dynamo 系统，如 Dynomite、Project Voldemort 等的环架构模式，以 Dynamo 为蓝本，但是不同于 Chord 等系统的 DHT 环结构。这些系统中的各个节点之间有着紧密联系，不需要依靠漫长的路由传输。同时，与类 Bigtable 系统相比，这类键值存储系统的数据模型，只涵盖最基本的数据访问方式，操作较为简单。

（3）严格来说，类似内存数据库系统的系统，如 MemcacheDB，只是一种缓存系统。它只能提供快速查询响应，不具备持久存储数据的功能。

按照键值存储系统的设计目标分类，这些系统可分为以下三类。

（1）具备良好读写能力的键值存储系统，如 Redis、Tokyo Cabinet 等。这类系统设计特点体现为反应时间迅速。尽管这类系统有着较高吞吐容量，但是由于其可扩展性和存储容量等性能欠佳，只被用来缓存信息。

（2）具备良好的存储大量非关系数据能力的键值存储系统，如 Mongo DB、Couch DB 等。这类键值存储系统的设计目标，是追求良好的存储和查询非关系海量数据的能力，不追求读写速度。这类系统有着很大的存储容量和良好的扩展性。

（3）具备良好的可扩展性和可用性，常见于分布式计算领域内的键值存储系统之中，如 Cassandra、Project Voldemort、Bigtable 等。这类键值存储系统呈现分布式结构，具有强大的可扩展能力，可根据应用需要灵活调整数据节点。Cassandra 常被认为是以 Bigtable 系统为基础进行开发的，其数据模型与 Bigtable 十分相似，环架构类似于 Dynamo。

按照功能分类，键值存储系统可分为两类：键值查询功能较简单的和较复杂的。类 Bigtable 系统或数据模型类似于 Bigtable 的系统，它们有着更多操作接口，与传统数据库系统十分相似。类 Dynamo 系统具备的功能有限，只能提供键到值的简单访问，其上层应用程序负责处理复杂数据。

二、资源管理技术

（一）资源管理

资源管理是指抽象地记录具有物理属性的网络设备的信息，包括服务器、存储、IP、VLAN 等网络信息，如设备、物理介质、软件资源和虚拟化形成的计算资源、网络资源、存储资源等资源池信息，并对其生命周期、容量和访问操作程序等进行管理，同时发掘、备份、核对、检查系统内部的配置信息。

按照类型划分，具有物理属性的网元设备和软件，主要有服务器类资源设备（计算服务器等）、存储类资源设备（SAN 设备、NAS 设备等）、网络类资源（交换机和路由器等）、软件类资源等。

服务器类资源设备主要负责自动发现和远程管理服务器设备，创建、修改、查询和删除相关资源记录，管理物理机的容量和能力；存储类资源设备主要负责提供管理接口，管理上层服务生命周期，并为其提供数据存储空间，包括文件、块和对象等，记录存储设备（存储空间的提供者）信息并对其实行综合管理；网络类资源主要负责查询、配置和管理路由器、交换机等网络设备；软件类资源主要负责获取和管理软件名称、软件类型、支持操作系统类型、部署环境、安装所需介质以及软件许可证等信息。

按照服务实例的需求，资源池可分为计算资源池、存储资源池、网络资源池和软件资源池，它表示对几个具有相同能力，即相同厂商生产的具有同种功能的设备，或同种具体参数的设备进行资源组合。

管理计算资源池，是指收集建立、修正、查询和删除资源池的相关信息，对其容量、资源定位和生命周期实行管理；管理存储资源池是指收集资源池的建立、修正、查询和删除，容量管理，生命周期管理和资源定位等相关信息；管理网络资源池是指收集资源池的创建、修改、查询和删除等相关信息，实行容量管理、生命周期管理，定位网络资源，修改 IP 地址、域名等虚拟资源，创建、释放 VLAN 动态，建立资源池。

此外，管理模块还需联合数据中心内的各类资源和系统域管理所涉及的资源，如物理资源、各类资源池、系统策略、IP 地址池等。

（二）资源监控

实行资源监控是保证运营管理平台的流程化、自动化和标准化运作的关键。资源监控是指预先分析和判断下层资源的管理模块提供的各种参数，为上层资源部署调度模块提供输入基础，有效融合了负载管理、资源部署和优化整理于一体。资源监控具体内容主要有以下 3 个方面。

（1）故障监控：忽略不同设备差异，监控被管资源提供的故障信息采集、预处理、告警展现、告警处理等信息。首先，其具备分析、处理物理机、虚拟机、网络设备、存储设备和系统软件等自动发出的各种告警信息的功能；其次，其具备对系统的主动轮询、收集 KPI 指标、界定各种告警类型、告警级别和告警条件的含义，并以监视窗口、实时板等多种告警方式，展现具备静态门限值和动态门限值的双重功能；最后，其具备确定告警信息、升级告警级别、转由上一级管理支撑系统处理的功能。

（2）性能监控：分析、处理和优化所采集到的数据，提供其他模块的监控信息，绘制成图表等形式，使管理员能在一个虚拟化环境界面中，清楚了解计算资源、存储资源和网络资源，尤其是总量、性能、使用状况和健康状态等。

（3）自动巡检：定期检查核对每天的登陆资源，自动完成任务、发送巡检结果。

监控指标或方法随着资源类型的改变而改变。CPU 监控只监控其使用情况；内存监控内容包括对其使用状况和读写操作的实时监控；存储监控的内容包括对使用率、读写操作和各节点网络流量的监控；网络监控指对输入和输出流量以及路由状态等的监控；物理服务器监控指功耗的监控。

（三）资源部署调度

资源部署调度是向上层应用交付资源的过程，拥有自动化部署流程，包括两个阶段。第一阶段，根据上层应用需求，资源部署调度模块需建立基础资源环境需求流程，实行初始化资源部署；第二阶段，服务部署需根据上层应用的需要，动态地部署底层基础资源并实行优化。调度管理也应弹性地自动进行调度，调度策略制定应按照服务资源特点进行，自动按照流程操作，针对计算资源、网络、存储、软件、补丁等自动集中选择、部署、更改和回收。部署调度主要包括以下内容。

（1）计算资源部署调度指利用设备厂商提供的部署工具，对服务器实行集中控制、批量自动化安装引导过程，设置能让用户更改和安装 IP 地址、主机名、管理员口令、磁盘分区、安全设置、操作系统部件等需要的配置模版。

（2）网络资源的部署调度，指借助自动网络配置部署平台，对网络基础环境，尤其是具有复杂性的多个供应商，实行端到端的统一自动化管理。配置具备控制、检查整个网络基础结构，确认网络安全，制定强硬的网络安全政策和规范的能力，以实现合法化。

（3）存储资源的部署调度对象，是多个供应的存储环境，方式是对其进行自动配置和自动化管理。依据设备管理方式进行直接配置操作，或利用设备管理工具，统一配置和管理设备存储。

（4）软件部署调度指自动生成安装数据库、中间件、Web 服务器、用户自开发应用等程序。此外，软件部署调度体现出回滚性质，意即如若安装失败，可利用回滚功能修复环境。

（5）补丁部署调度指建立联机或脱机方式，获取厂家最新的补丁信息，向用户推荐最新的补丁，弥补已有补丁的不足。补丁安装指令是补丁平台自动生成的。

此外，部署调度模块会按照惯例流程调度引擎，回收到期服务，管理服务中止和欠费客户等计算资源和网络资源的信息。比如，具体回收操作包括撤除虚拟机和物理机，回收虚拟网络的 IP 和公网的 IP，删除部分存储资源，配置均衡承载的设备和交换机，更新资源库信息，配置集成设备等。

（四）资源负载均衡

负载均衡在资源管理中占有重要地位。为阻止资源浪费或形成系统瓶颈，管理和维护数据中心时都应实现负载均衡。

负载不均衡有以下四个方面的体现。

（1）同一服务器中,资源使用表现出类型的不均衡。例如,CPU 利用率不高,但已占据了很大内存。导致这种问题出现的原因，在于购买和升级服务器时，没有充分了解和分析资源需求。计算密集型应用服务器的 CPU 配置应具有较高主频；I/O 密集型应用的配置应具备容量大、速度快的磁盘；网络密集型应用的配置应以高速网络为主。

（2）应用服务器不够统一，负载出现不均衡。Web 应用包括表现层、应用层和数据层三层架构。这三层在承载相同业务请求时表现出不同压力,所以服务器配置需按照请求压力分配情况进行。与其他两层承载的压力相比,倘若应用层压力较大,则要为应用层升级配置;如果条件有限,无法实现其需求,则可利用多个服务器构建应用层集群环境实现平衡负载。

(3)不同应用资源分配不均衡。数据中心运行的应用不止一个,每个应用有着不同资源需求,所以需根据应用对资源的需求,来分配系统资源。

(4)使用时间不均衡。业务的使用分高峰期和低谷期两个时段,体现出一种规律的不均衡。例如,就在线游戏而言,周末和节假日负载量最大,工作日一般。此外,业务系统负载量常随着企业成长呈上升趋势。时间的不均衡具有一定特点:时间不均衡不是处于静止不变的,其配置问题需通过适时调整资源、进行严格管理和定期维护系统加以解决。总之,业务系统正常运行需制定有效的资源管理方式,提高资源利用率,合理分配资源,有效均衡负载,减少资源浪费,阻止系统瓶颈形成。HDFS具备负载均衡数据的能力。例如,当复制因子为3时,首先,需要复制数据块,制定分散部署策略;其次,分别在本地机柜的两个不同数据节点设有两个副本,接着在另外一个机柜中的一个数据节点设有一个副本,这样一来,数据块读写均衡就可实现,数据可靠性也有了保证。此外,如果系统数据节点宕机,就会形成过低的复制因子。为保证系统的可靠性,实现数据均衡,系统会在访问文件热点时,自动复制数据块。为避免单独访问名字节点时出现性能瓶颈情况,HDFS在读写数据时会借助客户端从数据节点获取数据直接进行存储。

第四节 云计算中的编程模型

一、分布式计算的编程模型

(一)分布式计算的意义

分布式计算属于计算机科学,研究对象为将大问题分解成小问题,简化计算能力,在多个相互独立的计算机的协同处理下,得出最终结果的方法。分布式计算的优势是能让多个物理上相互独立的组件,如多个CPU或网络中的多台计算机协同工作,构成一个独立系统。

它假设以下情况:如若一台计算机完成任务的时间是5秒,那么5台计算机协同处理,时间将缩短至1秒。然而,由于协同处理具有很大难度,所以分布式计算不能很好地满足以上假设。分布式编程的核心问题在于找出将大的应用程序分解成多个子程序，同时具有并行处理功能的方法，包括以下两种处理方法。①分割计算：分散应用程序的功能，使其组成多个模块，利用多台机器进行协同处理。②分割数据：分散数据集，呈现小块模式，利用多台计算机进行独立计算。分布式计算方法采取分割数据的方式，常用于解决海量数据分析等数据密集型问题，而大规模分布式系统可以同时采用这两种方法。

（二）分布式计算的原理

大量的分布式系统的关键问题在于发现并将应用程序分割成若干个模块同时兼有可并行处理的功能以使各个功能模块间能够协同工作。这类系统的体系结构一般以 C/S 结构为基础，含有三层或多层的分布式对象，逻辑、业务逻辑和数据逻辑等位于不同的机器上，也可能以 Web 体系为基础。

基于 C/S 架构的分布式系统可借助 CORBA、EJB、DCOM 等中间件技术解决各模块间的协同工作问题。基于 Web 体系架构或称为 Web Service 的分布式系统，则通过基于标准的 Internet 协议支持不同平台和不同应用程序的通信。Web Service 是未来分布式体系架构的发展趋势。对于数据密集型问题，可以采用分割数据的分布式计算模型，把需要进行大量计算的数据分割成小块，由网络上的多台计算机分别计算，然后对结果进行组合得出数据结论。MapReduce 是分割数据型分布式计算模型的典范，在云计算领域被广泛采用。

二、并行计算的编程模型

必须简化云计算上的编程模型，必须让用户和编程人员能够清楚了解后台复杂的并行执行和任务调度，以使用户能轻松地享受云计算带来的便利服务，学会简单编程，借助编程模型实现具体目的。

云计算大部分采用 MapReduce 的编程模型。现在大部分 IT 厂商提出的"云"计划中采用的编程模型，都是基于 MapReduce 的思想开发的编程工具。MapReduce 不仅是一种编程模型，同时也是一种高效的任务调度模型。MapReduce 这种编程模型不仅适用于云计算，在多核和多处理器、cell processor 以及异构机群上同样有良好的性能。该编程模型仅适用于编写任务内部松耦合、能够高度并行化的程序。改进该编程模型，使程序员能够轻松地编写紧耦合的程序，运行时能高效地调度和执行任务，是 MapReduce 编程模型未来的发展方向。

（一）MapReduce 的概念

MapReduce 是 Google 开发的 Java、Python、C++ 编程模型，它是一种简化的分布式编程模型和高效的任务调度模型，用于大规模数据集（大于 1TB）的并行计算。MapReduce 模型的思想是将要执行的问题分解成 Map 和 Reduce 的方式，先通过 Map 程序将数据切割成不相关的区块，分配（调度）给大量计算机处理，达到分布式运算的效果，再通过 Reduce 程序将结果汇总输出。

MapReduce 是一种分布式编程模型，它以数据为中心，把数据分割成小块供网络上的多台计算机分别计算，而后对计算结果进行汇总得出最终结论。MapReduce 提供了泛函编程的一个简化版本，与传统编程模型中函数参数只能代表明确的一个数或数的集合不同，泛函编程模型中函数参数能够代表一个函数，这使得泛函编程模型的表达能力和抽象能力更高。在 MapReduce 模型中，输入数据和输出结果都被视作有一系列 key/value 对组成的集合，对数据的处理过程，就是 Map 和 Reduce 过程，Map 过程将一组 key/value 映射成另一组 key/value，Reduce 是一个归约过程，把具有相同 key 的 value 值合并在一起。MapReduce 模型简单，并能满足绝大多数网络数据分析工作，因此被 Google、Hadoop 等云计算平台广泛采用。

基于 MapReduce 的分布式系统隐藏了并行化、容错、数据分布、负载均衡等复杂的分布式处理细节，提供简单有力的接口来实现自动的并行化和大规模分布式计算，从而在大量普通 PC 上实现高性能计算。在这些系统里，用户指定 map 函数对输入的 key/value 集进行处理，形成中间形式的 key/value 集；系统按照 key 值把中间形式的 value 集中起来，传给用户指定的 reduce 函数；reduce 函数把具有相同 key 的 value 值合并在一起，最终输出一系列的 key/value 对作为结果。

（二）MapReduce 的作用

MapReduce 属于分布式编程模型，最早由 Google 公司提出，设计初衷是处理大量数据计算。其设计理念源于 lisp 函数编程语言，数据处理包括两个步骤：映射 map 和归约 reduce。初期，Google 只是用它来索引大量的 Web 信息，因为其能极大提高工作效率。开发人员应明白 MapReduce 本质上属于简化版的并行计算编程模型，更好地发挥其功效。

面对互联网数据日益增长的形势，开发人员需采用并行计算的方式，快速解决大数据量计算的问题。但是并行计算技术难度较高，不易操作。然而，云计算技术 MapReduce 通过隐藏一些复杂的分布式处理细节，如并行化、容错、数据分布、负载均衡等，减轻了开发人员编写程序逻辑的工作负担，大大降低了开发并行应用的技术难度，扩大了并行计算的应用范围。

（三）MapReduce 的执行

属于编程模型的 MapReduce，常用于处理大规模的数据集。程序员需预先借助 map 函数，设定处理各分块数据的过程，再借助 reduce 函数，制定处理分块数据的策略，最后整理归纳中间结果。用户编写分布式并行程序时，借助 map 和 reduce 函数即可实现。如果 MapReduce 程序是以集群为单位运行，那么系统会自动切分数据，自动导入、分配和调整数据，处理集群内有关节点的问题，保持节点间的联系。

MapReduce 的执行程序主要有 5 步：导入文件、将文件发送给多个不同的工作机同时执行、编写中间文件（本地写）、并行执行多个 Reduce 工作机、导出最终结果。本地写中间文件有利于减轻网络带宽的压力，节省中间文件写作时间。

执行 Reduce 操作时，先从 Master 获取中间文件的位置信息，Reduce 远程调用从中间文件获取的数据。MapReduce 模型可以修复节点错误，所以容许错误出现。如果工作机节点出错，那么该工作机节点上执行的任务会转移至其他工作机上，Master 将转移信息发送给有所需要的节点，它本身则会被阻挡在系统外。MapReduce 也可容纳 Master 出错，通过检查点的方式解决错误。如果 Master 出现错误，那么 Master 系统将就近选择一个检查点的一个节点继续执行任务。

微软创建的 DryadLINQ，不同于 MapReduce 这种编程模型，属于并行编程模型，只采用 .NET 的 LINQ 系统且不具有开源性，没有太大的发展可能性。而属于云计算编程模型的 MapReduce，在所有的云计算系统中十分受欢迎，应用十分广泛。然而，运用 Hadoop 开发的系统，其算法太过简单，整体并不完善。比如，在进行调度计算时，首先需准确判断和预测执行任务，这说明系统有大量推测工作要做，导致系统工作效率降低。因此，MapReduce 开发工具需要在任务调度器、底层数据存储系统、输入数据切分和监控"云"系统等多个方面进行改进。

第五节 集成一体化与自动化技术

一、集成一体化技术

一体化已成发展趋势，这主要归功于思科。思科设计推出的 UCS 产品很大程度上影响到了整个产业链的稳定。IT 领域的巨头领袖们，开始寻求一体化的发展方法。近年来，由于企业用户需求随着云计算与大数据两个层面的变化而发生改变，国内外的 IT 厂商巨头开始相继设计和推出一体化的方案和产品，如 IBM、甲骨文、赛门铁克、曙光、浪潮等公司。

（一）用户需求加速一体化

"一体化"趋势最先并不始于存储，而是在服务器和网络领域中体现。在云计算发展的起步阶段，几个硬件厂商顶住压力，将传统普通计算转变成云计算，主打"一体化"发展战略。但是用户拥有选择主动权，有可能抛弃对硬件的投资或只将其视为消费品进而转向服务，所以硬件厂商提出的一体化方案需具有创造性，在竞争中掌握主动权。

以上所述情况并不同于存储一体化。针对存储一体化包括备份和容灾，赛门铁克和爱数公司提出了一体化解决方案，主要以用户问题为导向，满足了很多用户试图借助一个盒子解决所有备份和容灾问题的愿望。存储一体化本质上只包含备份和容灾，但是在最开始阶段，虚拟化也是存储一体化提出的解决方案。比虚拟化更早的一体化解决方案是 NAS，一开始它不属于一体化行列，但其本质是对存储文件的一个设备进行一体化。一体化的发展历史不断循环往复，一代一代传承，下一代的解决方案有可能进化成为一种产品的通用形式，被当作业界标准。

一体化包括云计算和云存储的一体化，他们的共同目标是为用户提供简便的数据存储和使用方案，以满足其快速达到目的的愿望。例如，在云计算起步阶段，人们的目的是学会这个计算资源的使用，并不关注它的维护。存储也面临着同样情况。云存储是指上层云服务中心，负责接收底层所有管理和服务，方便用户对存储资源的使用。存储的发展速度迅速，截至目前，已出现最新的一体机。一体化存储设备集中了人们所需的所有资源，价格低廉，功效显著，借助此设备，用户对于云存储数据资源的使用、搭建和维护将会变得更加方便。[1]

因此，如今很多厂商都致力于发展易于部署的一体化结构方案，为用户提

---

[1] 汤兵勇. 云计算概论：基础、技术、商务、应用. 第 2 版 [M]. 北京：化学工业出版社，2016.

供更加简便的服务程序，满足用户的使用需求。

（二）用户对存储的需求

在云计算环境中，用户对存储主要有如下四点新需求：①大且扩散、不断增加的数据量；②高的性能要求；③更高的网络安全要求；④高效的存储功能。

无论是最先发展的 NAS 存储，以及之后出现的集群存储，还是当前谷歌的网络服务器存储，都各有优势，都能大幅度提高存储效率。谷歌存储能对数据进行并行计算，但是它在处理和联系每一个用户节点时，需进行大量工作。为增强分布式存储的每个节点的功能，需有机整合处理、存储、通信和管理功能于一体，实现每一个节点的功能智能化，这样逐渐发展出了一体机。以此为设计思路，在横向延伸基础上，再添加虚拟化、分层、高性能管理和通信的功能。这样的节点可扩展性更强，更能满足用户对于云计算的存储和计算的需求。

目前，整个 IT 行业都发生了巨大的技术改变，人们时常提及的云计算和大数据就发展于这个强大的技术环境下。针对改变原因，主要有两个方面：一是当前技术发展突破了传统模式，尤其是在 IT 产品、服务以及内部的产业分工的界定方面，出现了很多跨界情况，于是各种云计算一体机应势出现；二是软件本身的改变。之前传统备份具有很高的复杂度，被备份的设备与被备份的服务器数据之间，要进行大量管理和配制等工作，比较离散。随着技术进步，所有复杂度高的工作都可被抽离出来，集中到一个备份一体机中完成。

中国市场选择接受一体机和融合架构，主要原因体现为两个方面：①正面因素。由于很多大厂商致力于对融合技术架构的大力推广和宣传，极大地推动了其在市场上的应用。受此影响，中国用户开始逐渐接受一体化的设计概念。②一体机本地化策略。阻碍用户接受一体机的最大障碍，是实际价格高出他们的预期。国外用户的经济逻辑和购买理念是用明天的运营成本抵消今天的购买成本。但是，国内用户的成本计算方法却并不是如此，尤其是关于运营成本结构的理解，与国外用户存在巨大差异。因此，直接将这些从国外拿来的计算公式嫁接在中国用户上具有很大难度。国内厂商需根据中国用户的应用和运营情况提出恰当的解决方案，满足他们实际的使用需求，发挥一体机的真正价值。

二、集成自动化技术

（一）自动化的技术

云技术的正常运行，需要消耗大量物力资源，需要成百上千台、万台的计算机共同工作。同时，将计算机统一进行管理，也需要消耗众多人力进行协调，才能使计算机平稳运行并充分发挥作用。对人力、物力资源的大量消耗，促使人们对管理技术不断进行创新，试图探索出更先进、更实用的控制技术，由此诞生出了自动化控制系统。计算机通过设置自动化控制软件，在相关数据管理上进行自我协调、运算与分析，以促进云技术的正常运行。为了研究出更适合云网络运行的自动化技术，人们需要对市场需求进行全面调研，并在收到信息反馈后，对选取的数据进行总结与分析，在充分了解市场背景后，设置相应的自动化软件，并构建满足市场服务需求的系统。特别是在大型数据中心在市场使用与全面推广中，还需对该项技术进行实时跟踪、监控，保障良好的使用环境，掌握该项技术支持的工作内容，及时发现在运行中出现的待处理问题。在不断使用中，为该技术发展制定相应标准，为用户提供可靠的、高质量的品牌服务。

而在实际使用中，自动化技术的应用，在云计算环境方面起到了至关重要的积极影响。一方面，良好有序的系统，规范了市场的运行机制；另一方面，该技术促进了云计算技术水平的不断提高。因此，企业在运用云服务这一平台时，应将虚拟化、云计算和数据中心自动化三者的概念了解清楚，并将三者关联起来，共同协调发展。在建立与应用自动化技术和设备的基础上，减少人力资源投入，促进该行业的绿色发展。云计算技术是未来各行业发展的必然趋势，也是商业发展模式的重要组成部分。

（二）数据中心的自动化

如今科技领域也逐渐将未来发展定位在采用自动化技术的方向上，使网络化、虚拟化与自动化相结合。对大数据信息的处理采用云计算程序，其发展离不开自动化技术。云计算服务与多种因素相辅相成，如虚拟化、SOA 等。客户端的虚拟化、用户端的虚拟化，都需使用到云计算技术。而在各程序的使用中，SOA 为程序流转提供了动态机制和灵活性服务。数据中心自动化为云计算输送所需数据信息。因此，云计算要想得到更好的发展，需通过 SOA、虚拟化和数据中心自动化三方面共同努力，不断取得进步。

在对自动化进行定义时，有学者认为，自动化是云计算技术发展的基石，自动化程度的高低，决定着云计算水平发展快慢。现代工业水平的不断提升，将自动化融入了大部分产品中，无论是对使用者还是生产者来说，自动化技术都是不可或缺的。

还有学者认为，自动化对企业发展来说，具有举足轻重的作用。在企业运作中，多个流程都涉及自动化技术的应用，特别是在大企业管理中，海量数据的流动需要云计算进行控制。由此，数据构成的复杂性、云计算服务的多样性，使得企业与人们需要对该项技术进行深入了解与分析，并设置一定的监督管理流程，并对应用软件流程提供帮助，在使用云计算技术时，使其服务得到进一步提升。

还有学者认为，企业在运用云计算技术时，需要将周围环境了解清楚，如市场发展趋势、技术创新能力、未来发展定位，以此找到对云计算的定位，帮助企业得到更好发展。还需要对整个流程全面控制，实现该行业的自动化和云端化。

自动化的发展为云计算的广泛应用产生了积极影响。因为发展环境的改变，使得应用系统发布变得越来越谨慎，在各因素中存在着许多相互依赖关系，而自动化的使用，在一定程度上规范了市场的发展，为云计算应用环境提供了发展空间。

当数据流通不断积累，并达到一定规模时，自动化的使用与发展，对于数据处理具有非常重要的作用，自动化将逐渐代替人力。对企业来说，云计算技术、虚拟平台的运行与数据管理中心是相辅相成的。云计算面临着不断的数据处理，自动化的产生也能使云计算算法变得越来越简明。

使用云计算的企业分为三种类型。第一种，是云计算任务量巨大、对数据使用较为频繁的企业，如亚马逊、谷歌和微软。第二种，是将云计算服务作为商品提供给消费者的企业。第三种，是向消费者提供数据资源的企业。例如，Stratavia 公司就属于第三种企业类型。该企业在数据中心建立了公共云计算服务，以此对数据进行更好地使用，对企业进行引导和发展。自动化也是人们认可的、未来云计算商业模式发展的前景与展望。

第五章　大数据与云计算的安全与发展趋势

自从 IBM 公开展示"蓝布"系统后，世界上很多知名科技公司开始致力于云计算的研究与开发，包括微软、雅虎等。与此同时，"大数据"这个新概念成为人们讨论的热点。科学技术的进步，使人们的工作、生活与数据息息相关，企业也意识到大数据分析会给其发展提供助力。比如，能够为企业营销提供数据支撑，有助于运行效率的提升。同时，大数据的产生也使数据分析与应用更加复杂且难于管理，数据的增多亦使数据安全和隐私保护问题日渐突出。云计算近几年来呈现着迅猛的发展态势。一方面，云计算技术为如今的企业带来了新的业务模式，并大大提升了效率与价值；另一方面，面对云时代带来的利好，对云计算技术安全问题也需相应地提高重视程度。本章重点探讨大数据的安全问题与解决方案、云计算的安全威胁与解决方案、大数据与云计算在市场方面的发展趋势以及大数据与云计算在技术方面的发展趋势。

第一节　大数据的安全问题与解决方案

一、大数据的安全问题

新兴的"大数据"实际是虚拟技术、云计算和数据中心三者使用率增加后的逻辑衍生物。大数据带来的巨大变革使人们的世界面貌焕然一新，却也提出了新的挑战：即需要管理大量不断增加的数据，需要应对数据处理格式的可变性和数据速率的不确定性，需要处理非结构化数据，也需要以具有成本效益的方式及时地利用大数据。[1]

---

[1] 青岛英谷教育科技股份有限公司.云计算与大数据概论[M].西安：西安电子科技大学出版社，2017.

从另一个角度看,虽然大数据提供了一个可有效利用数据的平台,但也存在着一些安全和合规性的问题,如大量的敏感数据分布在大量节点上;较少的安全控件和审查机制;软件应用发展迅速;目前的工具和数据存取方法较为粗糙等。随着云的落地,相关业界开始更多地探讨大数据及大数据安全问题。大数据安全的概念很大,既包括对大数据本身的安全保护,也包括通过对大数据的搜集、整合和分析所提供的更多更好的安全情报。用户将数据上传到云或从云中下载数据时,都需要扫描和屏蔽恶意数据,在云中也同样需要如此操作。

将所有的数据都存储在同一个地方,固然会使得保护数据变得更加简单,但也方便了黑客,使其目标变得更有诱惑力。大数据时代,数据量是非线性增长的,而绝大多数企业都没有专门的工具或流程来应对这种非线性增长,而数据量的不断增长,也让传统安全工具不再像以前那么有效。对于企业而言,安全隐患是大数据部署的重要障碍,而在过去十年,数据库活动监测技术致力于解决的也是安全方面的隐患。

(一)面临的信息安全问题

大数据面临的信息安全问题主要集中在三个方面,具体如下所述。

(1)个人私密信息泄露风险急剧增加。大数据时代,用户任何行为都会以数据形式进行存储,在网络上每个用户都有大量数据,存在极高的隐私泄露隐患,而且当隐私数据被泄露后,用户自身安全也会受到威胁。针对这一问题,目前还没有与之适应的标准,对隐私数据予以保护,对于数据所有权以及使用权尚没有准确的说明和界定,在大数据分析过程中,也忽略了隐私泄露这一问题。

(2)黑客攻击目标更加明确。大数据模式下,对数据的攻击变得更加容易。因为大数据包含种类多样、数量庞大的数据信息,在这样复杂的背景下,系统漏洞的发现更加容易,另外,伴随数据量的急剧增加,攻击者也会越来越多,以系统漏洞为突破口,黑客能够获得更多数据。从而可以在一定程度上降低攻击成本,并获得更多的收益,因此,很多黑客都喜欢攻击大数据技术下的数据。

(3)存在数据安全的先天不足。大数据存储的模式也会给数据安全防护带来一些新的问题。由于大数据技术是将数据集中后存储在一起的,比如,对于某些企业而言,可能会将生产数据以及经营数据存储在一起,增加了企业数据安全风险的系数,降低了发生数据安全事故的阈值。另外,这种存储模式能够影响安全控制措施,数据量的急剧增加,为安全防护措施的更新升级提出了更高要求，如果无法进行及时地更新升级，会对数据安全带来严重威胁。[①]

伴随大数据服务的出现与应用，云服务应运而生，云服务的运行极有可能同样面临着前者的问题，并且，它们都无法对某些风险的发生进行预判。鉴于云端的大数据对于黑客往往具有更大的吸引力，从而引来更多的攻击，因此必须使用安全性高的云来为企业服务。

（二）不同领域的安全需求

大数据时代，不同行业对大数据安全都有着各自的需求，接下来，结合各行业实际情况，初步分析它们的安全需求，为更好掌握大数据安全的含义以及制定安全策略做铺垫。

1. 互联网行业的安全需求

与其他行业相比，互联网企业运用大数据分析技术时，会面临更多的用户隐私问题，同时，数据安全风险性也更高。伴随电子商务飞速发展，移动网络普及，黑客攻击行为变得更加隐蔽，对互联网企业保护数据安全提出了更高的要求。另外，机密数据保护的技术复杂，涉及领域较多，通晓法理以及专业技术的人才缺乏，这就给数据安全损失责任人的界定增加了难度，比如，当发生侵权事件，侵权主体是个人还是企业，很难辨别。

因此，结合当前实际情况，互联网行业对安全的需求，具体分为以下四类：一是数据存储可靠性；二是挖掘分析安全性；三是运营监管严谨性；四是相应标准制定的科学性、合理性以及及时性。在保障数据安全的基础上，发现商业机会，挖掘商业价值。

2. 电信行业的安全需求

运营商在应用数据以及对外开放数据时，主要面临三大问题：一是数据保密；二是用户隐私；三是商业合作。运营商应该充分借助各类技术手段，完成数据建模，在此基础上，将数据分类，并确定数据价值。数据一般分散在不同的存储空间中，其来源庞杂，运营商应该对数据进行科学有效地收集、归类以及分析，确保数据完成，并保障数据安全。当与外部企业合作时，应该做好业务需求与数据需求的转换。建立安全的数据对外开放机制。在数据开放的过程中，如何切实有效地进行用户隐私、企业机密保护成为了运营商必须考虑的首要问题。

[①] 洪汉舒，孙知信. 基于云计算的大数据存储安全的研究[J]. 南京邮电金融大学学报（自然科学版），2014，34（4）：26-32，56.

综上，运营商的安全需求为机密数据保密性、完整性以及可用性，在保护用户隐私的基础上，实现对数据价值的充分挖掘。

3. 金融行业的安全需求

金融系统具有明显的行业特色，主要体现为：一是系统间关系复杂，相互牵连；二是使用群体多样；三是安全风险源多；四是对信息的可靠性以及保密性要求更高。金融系统还必须具备冗余备份以及容错功能，并为管理者提供管理支持，能够灵活应对各类突发问题。另外，金融行业对网络也提出了较高要求，包括数据处理速度，以及数据传输过程中的安全性。金融行业对数据安全防范的重视程度日益提升，技术研发投入也在持续进行，但由于金融业务的复杂性、系统复杂度增加等因素的影响，该行业的数据安全风险仍在增加。

结合这一现状，总结出金融业的安全需求为：一是数据访问控制；二是处理算法；三是网络安全；四是数据管理以及应用，通过不断满足上述需求，金融服务水平将明显提升，金融风险事件的发生率将有效降低。

4. 医疗行业的安全需求

医疗数据的急剧增加，极大程度上加剧了数据存储难度。数据存储的安全性以及可靠性，是医院业务正常进行的重要保障。一旦医疗系统发生故障，对数据备份以及恢复提出了较高要求，若数据无法快速恢复，或在恢复过程中出现数据不完整情况，将会给医院以及病人带来严重损害。另外，相比其他行业数据，医疗领域数据隐私性更强，因此，医疗数据一般不会直接提供给外部单位，而医院自身对数据分析以及挖掘能力有限，无法对医疗数据进行有效利用。

综上，相比数据的安全性以及机密性，医疗行业更加注重数据隐私性，切实有效的数据隐私保护措施，也成为了行业首要需求，另外，增强数据存储的安全性，建立更加完备的数据管理机制也是其重要的需求。

二、大数据的安全解决方案

解决大数据安全问题的模型必须满足以下四个基本条件。

（1）利用自动化工具，在收集数据的过程中划分数据类型。

（2）持续分析高价值数据，对数据价值及其变化做出评估。

（3）确保加密安全通信框架的实施。

（4）制定相关联的数据处理策略。

基于上述条件，保障大数据安全可以采取几种措施，具体如下所示。

第一，对数据进行标记。对大数据进行分类标识，有助于从海量数据中筛选出有价值的数据，既能保证其安全性，又能实现大数据的快速运算，是一种简单、易行的安全保障措施。

第二，设置用户权限。分布式系统架构应用在具有超大数据集的应用程序上时，可以对用户访问权限进行设置。对用户群进行划分，为不同的用户群赋予不同的最大访问权限；对用户群中的具体用户进行权限设置，实现细粒度划分，不允许任何用户超过其所在用户群的最大权限。

第三，强化加密系统。数据加密处理是数据传输安全性的重要保障。加密处理包括加密和解密两个部分，上传数据流之前，要借助加密系统对其加密；下载数据之前，要借助解密系统进行查看。因此，在客户端以及服务器端要安装加/解密系统，另外，为了进一步确保数据安全，应该将加密数据放在不同位置。方法可借鉴 Linux 系统中的 shadow 文件（该文件实现了口令信息和账户信息的分离，在账户信息库中的口令字段只用一个"x"作为标识，不再存放口令信息）。

第二节 云计算的安全威胁与解决方案

一、云计算的安全威胁

（一）安全威胁的事例

云计算作为一种新的计算与信息服务模式，安全问题显然是其能否真正被广大用户接受并应用的关键前提。实际上，自云计算提出并推广到现在为止，已经出现过几起比较有影响的安全事故。

（1）2009 年 2 月，Google 的 Gmail 电子邮箱爆发全球性故障，服务中断时间长达 4 小时。根据 Google 的解释，事故原因是其在对欧洲的数据中心进行例行维护时，部分新输入的程序代码存在副作用，导致欧洲另一个资料中心过载，引发连锁效应波及其他数据中心接口，导致其他数据中心也无法正常工作。

（2）2010 年 1 月，68000 名 Salesforce.com 的用户经历了至少 1 小时的宕机，原因是网站自身数据中心出现"系统性错误"，导致包括备份在内的全部服务发生了短暂瘫痪的情况。

（3）2011 年 3 月，Google Gmail 邮箱爆出大规模的用户数据泄漏事件，大约有 15 万 Gmail 用户在周日早上发现自己的所有邮件和聊天记录被删除，部分用户发现自己的账户被重置，Google 表示受到该问题影响的用户约为用户总数的 0.08%。

（4）2011 年 4 月，云计算服务提供商 Amazon 公司发生了史上最大规模的宕机事件。由于该公司在北弗吉尼亚州的云计算中心宕机，导致包括回答服务 Quora、新闻服务 Reddit、Hootsuite 和位置跟踪服务 Foursquare 在内的一系列服务受到了影响，因为这些服务都是依靠 Amazon 这个云计算中心提供的。[①]

以上事件提醒人们：百分之百可靠的云计算服务目前还不存在。由于云计算的集中规模化信息服务方式，使得云计算系统一旦产生安全问题，其波及面之广、扩散速度之快、影响层面之深、各类问题纠缠以及相互叠加之复杂远胜于其他计算系统。当用户的业务数据以及业务处理完全依赖于远方的云服务提供商时，便会对自己数据存放得是否安全保密，云服务是否完全可依赖存在顾虑。因此，云计算安全理所当然地成为云计算理论与应用研究关注的焦点问题。

（二）服务模式的安全威胁

云计算的四种模式包括：设施即服务（IaaS）、数据即服务（DaaS）、平台即服务（PaaS）和软件即服务（SaaS），这四种服务模式各自可能遭到的攻击如下所示。

（1）在 IaaS 模式下，攻击者可以发动的攻击包括几种：针对虚拟机管理器 VMM，通过 VMM 中驻留的恶意代码发动攻击；对虚拟机 VM 发动攻击，主要是通过 VM 发动对 VMM 及其他 VM 的攻击；通过 VM 之间的共享资源与隐藏通道发动攻击，以窃取机密数据；通过 VM 的镜像备份来发动攻击，分析 VM 镜像窃取数据；通过 VM 迁移，把 VM 迁移到自己掌控的服务器，再对 VM 发动攻击。

（2）在 PaaS 模式下，攻击者可以通过共享资源、隐匿的数据通道，盗取同一个 PaaS 服务器中其他 PaaS 服务进程中的数据，或针对这些进程发动攻击；进程在 PaaS 服务器之间迁移时，也会被攻击者攻击；此外，由于 PaaS 模式部分建立在 IaaS、DaaS 上，所以 IaaS、DaaS 中存在的可能攻击位置，PaaS 模式也相应存在。

（3）在 DaaS 模式下，攻击者可以通过其掌握的服务器，直接窃取用户机密数据；也可以通过索引服务，把用户的数据定位到自己掌握的服务器再窃取；同样，DaaS 模式可能依赖于 IaaS、PaaS 创建的虚拟化数据服务器，因此也可

---

① 邵晓慧，季元翔，乐欢．云计算与大数据环境下全方位多角度信息安全技术研究与实践[J]．科技通报，2017，33（1）：76-79．

能受到上述两类攻击。

（4）在 SaaS 模式下，除了上述三种模式中可能存在的攻击，由于 SaaS 模式可能存在于 Web 服务器易被攻击的位置，攻击者也可能针对 SaaS 的 Web 服务器发动攻击。

（三）结构本质的安全威胁

网络也是云计算重要的攻击位置，通过网络，攻击者可以窃取网络中传递的云计算数据。由此可见，云计算各模式中几乎各处都存在有可能被利用的攻击位置，这是由云计算的本质所决定的。与传统的并行计算、分布式计算等计算技术和计算模式相比，云计算模式的结构与技术层次更具复杂性，一般体现在以下四个方面。

（1）虚拟化资源的迁移特性。虚拟化技术是云计算中最为重要的技术，通过虚拟化技术，云计算可以实现 SaaS、IaaS、DaaS 等多种云计算模式。虚拟化技术的应用带来了云计算与传统计算技术的一个本质性区别，即资源的迁移特性——云计算模式可以通过虚拟化技术来实现计算资源和数据资源的动态迁移，而这一特性，特别是数据资源的动态迁移，是传统安全研究很少涉及的领域。

（2）虚拟化资源带来的意外耦合。由于虚拟化资源的迁移特性，引发了虚拟化资源的意外耦合，即本来不可能位于同一计算环境中的资源，由于迁移而处于同一环境中，这也可能会带来新的安全问题。

（3）资源所属者的所有权与管理权的分离。在云计算中，虚拟化资源动态迁移而发生所有权与管理权的分离，即资源的所有者无法直接控制资源的使用情况，这也是云计算安全研究最为重要的组成部分之一。

（4）资源与应用的分离。在云计算模式下，PaaS 是一个重要的组成部分，其通过云计算服务商提供的应用接口来实现相应的功能，而调用应用接口来处理虚拟化的数据资源，会导致应用与资源的分离——应用来自一个服务器，资源来自另一个服务器，二者位于不同的计算环境，给云计算的安全增添了复杂性。

（四）安全威胁的类型

结合上述由云计算本质引发的安全问题，可以把当前有关云计算安全的研究分为三类，具体如下所示。

（1）数据安全。在云计算中，Daas 模式使数据成为了服务，并且具有独立属性。数据服务一般包括三类：一是远程数据存储；二是数据备份；三是数据查询分析。云计算的出现，使得用户数据逐步脱离他们的掌控，由该服务提供商进行统一管理。云计算中所指的数据安全，包括用户数据的拥有权、管理权的界定，以及 Dass 平台自身的安全。

（2）虚拟化安全。作为云计算的一项重要底层技术，虚拟化在应用过程中也存在诸多安全问题。PaaS、SaaS 以及 IaaS，均可以借助虚拟化设备发挥作用，因此，虚拟化安全会对云计算系统安全性带来重要影响。

（3）服务传递安全。云计算提供的各类服务都必须借助网络传达至用户，因此，如何提高网络安全性、如何确保服务在传递过程中的完整性以及保密性，必然是云计算安全领域的重要问题。

二、云计算的安全解决方案

对于云计算安全的几方面威胁，目前常用的解决方案具体如下。

（一）数据安全的解决方案

要使数据存储安全得到有效保障，以加密方式对数据进行存储是十分有效的方法。云环境下有两类加密方式，一是对象存储加密；二是卷标存储加密。

（1）对象存储加密。云计算领域，可以将对象存储系统理解为文件或对象库，与文件服务器以及硬盘驱动器的功能类似。为达到数据存储加密效果，需让该系统处于加密状态，在这种状态下，系统就能够将所有数据加密。但如果该系统为共享资源，能够被多个用户访问或者操作，除了进行上述加密配置外，每一位用户必须借助"虚拟私有存储"这项技术，实现对私有数据的保护。"虚拟私有存储"是指用户对数据加密之后，再将其传至云环境，并且为了保障个人数据存储安全，该秘钥由用户掌握，在云环境中，无论是其他用户还是管理员，都无法获取该秘钥，这种机制能够有效提升用户个人数据的安全性。

（2）卷标存储加密，是提升数据存储安全性的另一个有效方法。云计算环境里，卷标会变为普通硬件卷标，这类数据在存储过程中，一般有两种加密方式，一是加密处理物理卷标数据，该类加密数据再生成用户卷标，此时用户卷标不再进行加密，进行实例化时，该类卷标已经通过一种透明方式，实现了加密或者解密。二是借助加密代理设备进行加密。需要将加密设备部署于计算机实例以及卷标之间，进而实现对数据的加密或者解密处理。通常情况下，这类加密设备也能发挥虚拟设备的作用，完成计算实例以及物理存储设备间数据的加密或者解密，并且这个过程是透明的，具体过程为，计算实例进行写数据操作时，加密设备对实例数据加密，然后将其置于物理存储设备里，计算实例进行读数据操作时，加密设备将数据解密之后，再以明文形式传给计算实例。

（二）云服务器安全的解决方案

云服务器中必须具备病毒防护系统，与传统服务器存在一定差异，即为进一步提高云服务器的安全性，需要对病毒防护系统以及补丁系统及时进行升级，使它们能够在新环境下高效运行。在不给系统带来额外负担的基础上，又能提升病毒查杀能力，有些防护系统的设计提出，可以将病毒防护系统内置于虚拟服务器中，对于其他系统，仅配置探测引擎模式，当这些系统需要病毒查杀时，借助引擎将病毒查杀请求，传输至病毒防护系统所在服务器，进而实现病毒查杀。另外，除了这些外部防护方法，操作系统的安全能够对云服务器安全性产生极大影响。

目前，世界上很多科技公司意识到了保障操作系统安全的重要性，因此，结合实际需要，多国云服务提供商均设计了自己的云安全操作系统，这类操作系统一般都具备完善的安全机制，其包括三大重要机制：一是身份认证；二是访问控制；三是行为审计，为服务器安全提供了进一步的保障。

（三）虚拟化安全的解决方案

在从事信息安全活动过程中，人们发现，技术问题带来的信息安全事件中，软硬件结构过于简单、可信性差是造成安全事件的重要因素。而"可信计算"概念和技术的出现和发展，正是为了从根本上解决这种基础性的安全缺陷。

"可信计算"概念由工业界引入计算机系统，很快就掀起了可信计算研究和产品开发的新高潮。可信计算技术能够保证从硬件、引导过程直到终端的用户体验界面和应用程序都没有被变更和篡改，进而使计算机能够在安全环境下运行。该技术研究为进一步保障虚拟化安全提供了更好的方案。可信技术主要提供三种机制，一是可信度量机制；二是可信存储机制；三是可信报告机制，通过运行以上机制，可以实现净化计算环境的目的，使终端连接更加可信，虚拟空间中呈现出相互信任的良好氛围。

可信计算技术的主要思路是：通过可信度量机制保障虚拟机的动态完整性；通过可信报告机制实现不同虚拟环境的可信互通；通过可信存储机制保障数据迁移、存储和访问控制的解决方案。可信计算技术一方面可以实现对虚拟机的安全保障，另一方面还可以融入基于虚拟机技术的应用业务中，为上层服务提供更好的安全支撑。

（四）数据传输安全的解决方案

在云环境中，数据传输具体分为两种形式：一是用户和云的数据传输，这种方式一般为远程传输，需要跨越互联网；二是云内部虚拟机之间的传输。为切实提升数据传输的安全性，数据传输时，必须进行端到端的加密，并且一般通过协议方式完成，云终端、服务器以及应用服务器间，采用安全套接字层完成数据加密。

对于安全级别更好的场景，同态加密机制是最优选择。它指的是，不需要对用户数据解密，云计算平台也能够对这些数据进行处理，同时能够给予正确结果。伴随该技术研究的不断成熟，未来，对同态加密技术的应用，能够大幅提升数据传输的安全性。

第三节　大数据与云计算在市场方面的发展趋势

传统数据和大数据对比，传统数据可能是 GB 规模到 TB 规模、结构化的数据，增长不是很快，重点是在统计和报表上。而大数据规模可能从 TB 到 PB 级，包括半结构化、非结构化、多维数据，持续实时产生数据，这几年每年增长速度也非常快，也可以做到通过数据挖掘做到预测性分析。一般认为，大数据实质是大数据技术被用于在成本可承受的条件下，通过非常快速的采集和成本分析，从大数据量、多类别数据中提取价值。但传统关键型数据库存在性能、存储、成本等原因无法支撑大数据要求，解决方法是分布式技术（云计算一个主要特点）、廉价的 x86 平台，本地存储，分布式技术是大数据处理的基础。[1]

一、大数据在市场方面的发展

（一）对大数据的基本认识

新一轮信息技术革命与人类经济社会活动的交汇融合，引发了数据爆炸式增长，催生了大数据。大数据是一类呈现数据容量大、增长速度快、数据类别多，价值密度低等特征的数据，是一项能够对数量巨大、来源分散、格式多样的数据进行采集、存储和关联分析的新一代信息技术架构和技术。大数据的应用已经开始对全球生产、流通、分配与消费模式产生重要影响，已经深刻改变了人们的生产生活方式，经济的运行机制和国家的治理模式。

---

[1] 赵凯，李玮瑶. 大数据与云计算技术漫谈 [M]. 北京：光明日报出版社，2015.

在我国市场方面，各业界对大数据的认识都有所不同，具体如下所示。

（1）学术界认为，大数据是现有数据处理技术难以处理的超大规模数据，这种定义对于实际应用其实没有太多意义，一般企业很难有这种规模的数据。

（2）企业界认为，将自己可利用到的海量数据视为大数据，实际对企业的工作是十分有利的，可以从自己的需求和利益出发，利用新的数据改进企业的工作。

（3）政府方面认为，大数据对实际应用还是有脱节的地方，特别是与政府需求的脱节。实际上政府的大数据需求是常规处理技术就可以处理的，服务商要适应政府业务的真实需求，常规技术能够解决的不必套用大数据技术的应用。

（二）我国大数据的发展

国务院在2013年8月8号发布了《关于促进信息消费扩大内需的若干意见》，其中提到鼓励智能终端产品创新发展，面向移动互联网、云计算、大数据热点，加快实施智能终端产业化工程。2014年8月27日，发布了《关于促进智慧城市健康发展的指导意见》，加强基于云计算的大数据开发与利用。2015年1月30日发布了《关于促进云计算创新发展培育信息产业新业态的意见》，明确在疾病防治、社会保障、电子政务等领域开展大数据应用示范。

2013年11月20日，卫生部也提出运用大数据、云计算提升人口健康信息化、业务应用水平。2014年8月成立了中国信息协会大数据分会，由国内从事大数据采集、整理、分析、应用，以及提供大数据基础设施建设和管理等服务的单位和个人自愿组成的全国性非营利性行业社会组织。2014年11月27日，国务院办公厅发布了《关于加快发展商业健康保险的若干意见》，也提出要提升信息化建设水平，政府相关部门和商业保险机构要切实加强参保人员个人信息安全保障，防止信息外泄，支持商业银行保险机构开发功能完整、安全高效、相对独立的全国性或区域性健康保险信息系统，运用大数据、互联网等现代信息技术，提高人口健康数据分析应用能力和业务智能处理水平。

这是对我国发展大数据形势的基本判断，大数据是战略资源竞争的新焦点，因为大数据已经成为与物质、能源同等重要的国家基础性战略的重要资源。国家之间围绕数据掌控权的信息能力角逐也日趋激烈，网络空间数据主权已经成为国际竞争战略的焦点，在整个大数据浪潮之中，我国正面临着从数据大国向数据强国转变的历史性机遇，所以要制定实施国家大数据发展战略，以提高对数据掌控应变能力，提高国家的信息优势，增强综合国力。

大数据也是经济转型、经济增长新的引擎,信息流在引领技术流、物资流、资金流、人才流,深刻影响社会化分工协作的组织模式,促进生产组织方式的集约和创新。大数据技术与应用推动社会生产要素的网络化共享,集约化整合,协作化开发和高效化利用,来改变传统生产方式和经济运行机制,来推动整个产业结构调整。大数据正在持续激发商业模式创新,催生产业发展的新领域和新业态。

一般认为,大数据产业正在成为战略性新兴产业和全球经济发展的新增长极,正在影响着国家以及国际未来信息产业发展格局。大数据也是提升治理能力的新途径,它能够转变传统方式难以转变的观念,提升政府整体数据分析能力,提升政府数据开放与共享。大数据通过深化应用,为政府决策者提供全面深化的数据信息、决策依据、政策保证,用数据说话、用数据来决策、用数据来管理、用数据来创新的新的管理机制。

我国发展大数据的策略定位具体有以下几点。

(1)围绕经济社会发展需求。

(2)促进社会创新应用,释放数据红利。

(3)推动产业转型升级,培育新兴业态。

(4)提升政府治理能力,推进治理体系现代化。

(5)构建大数据产业生态体系,推进数据强国和网络强国的建设。

强化政府大数据应用方面一般应该从以下三个方面去做工作。

(1)推动宏观调控科学化。

(2)加强社会治理精准化。

(3)促进安全应用高效化。

推动社会创新应用应该发展民生服务大数据,发展产业升级大数据,推动社会创新应用。大数据要加快关键技术的研发,包括核心技术攻关,形成大数据的产品体系,围绕数据采集、数据整理、分析挖掘和展现数据应用等环节来推动相关工作,构建大数据产业链,壮大核心产业规模,构建大数据产业链,构建整个大数据的生态体系,形成政产学研用的机制。具体要从三方面统筹国家大数据资源:第一方面是统筹规划大数据基础设施建设,避免盲目地进行数据中心基础设施建设;第二方面是推动公共部门数据共享;第三方面是稳步推动公共数据资源的开放。

数据安全是重中之重,要从健全大数据安全保障体系、强化网络和大数据安全、支撑两方面来推动数据安全的保障。

云计算研究是计算问题,大数据研究的是巨量数据处理问题,巨量数据处理依然属于计算问题的研究范围。因此，大数据也是云计算的一个子领域。从应用角度来看，大数据是云计算的应用案例之一，云计算可以高效分析数据，是大数据的实现工具之一，也可以说大数据推动了云计算的落地，云计算促进了大数据的应用。对于大数据和云计算，人们认为既有不同，也有联系，大数据处理时为了获得良好的效率和质量，人们常常采用云计算技术。因此，大数据和云计算常常同时出现。

从云计算政策环境分析，国家发布了政策，把云计算、三网融合纳入国家发展战略之中。一般认为，这是云计算发展的趋势，认为未来市场会快速增长，产业会加快升级，产品和服务会越来越落地，企业会逐渐寻求转型。云计算是不可错过的历史机遇，云计算是计算技术发展的一次重大变革，必将重塑信息化未来的发展模式，对我国信息化的未来发展影响深远，是不可错过的历史机遇。目前制约云计算发展的主要障碍是数据安全和隐私保护。发展自主可控的核心技术，可以解决我国发展云计算带来的安全问题。云计算或者真正把计算放到云上去发展相对迟缓，国内产业界做得还是不够，希望通过更多的沟通交流在行业上，包括教育、医疗各个领域的落地。

从理念上来看，利用互联网计算能力可以作为一种公共事业，像电力、自来水、天然气一样通过网络来调度使用，用户只需要一个终端插上就形成云计算的想法并不符合信息化发展的客观实际。近年来，比云发展更快的是计算终端的发展，其功能越来越强，价格越来越低，品种越来越多，云端是现实合理的发展趋势。

（三）国外大数据的发展

1. 美国大数据的发展

美国政府宣布投资2亿美元提高大数据技术，来加快科学研究，加强国家安全，改革教学和培训体系以促进专业人才发展。

美国国家科学基金会以大数据关键技术的突破作为大数据项目的重点，与美国卫生研究院对大数据进行联合招标，还积极推进各项大数据相关措施。美国白宫也发布了《2014年全球大数据白皮书》，提到"大数据的爆发带给政府更大的权力，为社会创造出极大的资源，如果在这一时期实施正确的发展战略，将给美国以前进的动力，使美国继续保持长期以来形成的国际竞争力。"在政策法规方面，美国也出台了一系列政策法规为政府数据开放共享提供了实施基础，从最初的《信息自由法》《阳光下的政府法》，到2009年的《开放政府令》，再到2012年的《大数据研究与发展计划》，美国的政府数据开放政策不断完善。美国依赖于正确的时间将正确的信息分享给正确的人的战略，旨在确保信息在负责、无缝安全的环境中共享。

2. 法国大数据的发展

法国中小企业、创新和数字经济部推出了大数据规划，计划于2013—2018年在巴黎创建大数据孵化器，通过公共私营合作方式投资3亿欧元，大约有数百家大数据初创企业可享受资助。2011年2月，法国政府成立了开放数据办公室"Etalab"，负责建立跨部门公共数据门户网站。2013年2月，法国政府提出了开放政府数据路线图。在《数字化路线图》中列出了五项将会大力支持的战略性高新技术，大数据是其中重要一项。

法国也建立了数据开放平台。2012年6月底，Data，gouv.fr已有1.3万个数据集，参与机构超过300个，注册用户超过3000名。平台运行两年后，法国负责协调开放数据的Etalab专责小组开始开展协同设计，协同设计的合作过程将广泛地联合开放数据生态系统以推动一个全新版本的平台开发。

促进建立创新者生态系统。2013年9月，法国政府发布了《公共数据开放和分享手册》，传授和交流数据开放经验，翻译并向国际社会传播法国政府的《公共数据开放和分享手册》。其国家教育部推出了四项数字化服务，其中一项服务是在网上公布近几年法国所有高中会考的科目名单，向公众提供开放式的数据平台。为此，相关的民间组织也在号召推动大数据的发展，推动政府部门与私人企业间的合作，为此共投入3亿欧元资金来推动大数据领域的发展。

3. 英国大数据的发展

英国政府在投资网站平台建设、发布战略规划方面，都体现出其对大数据是非常重视的。英国政府专门发布了《英国农业技术战略》，对农业基础投资主要集中在大数据上，目的是将农业技术商业化。英国政府设立了专门机构（透明委员会），来研究制定英国政府数据开放制度；成立了开放数据研究所，与企业联合，研究分析英国政府的开放数据，强化数据收集与分析。在2013年11月发布了《八国集团开放数据宪章2013年英国行动计划》，做出6项承诺。

（1）明确高值数据集。

（2）确保所有数据集都通过国家数据门户平台集中发布。

（3）通过与相关机构沟通，来优化公布哪些数据集。

（4）将通过风险经验和工具来支持国内外开放数据创新。

（5）将英国开放数据工作设计清晰的前进方向，所有部门都要求在指定时间编写其部门所有开放数据。

（6）英国政府为开放数据建立国家级的基础设施。

二、云计算大数据推动智慧中国的发展

（1）大数据和云计算是相辅相成、相互促进的关系。云计算为大数据进行深度挖掘，提供平台，而大数据所揭示的规律和价值，也帮助云计算与行业应用深度融合，产生更强效果。云计算服务方式就是提供数据资源，为大数据提供挖掘平台，让大数据在庞杂数据中，进行实时分析和查询。

（2）大数据和云计算结合，必然会成为人类探索事物的新工具。随着科技发展，人们对客观世界有了更充分的认识，因此，认识世界是建立在科技发展基础上，由浅入深，由表及里，从事物表面探寻事物的本质，然后总结经验，形成客观规律。现在利用大数据与云计算结合，人们能够低成本、高效率地开展计算资源工作，在海量庞杂的数据面前，进行高效、快速的筛选，寻找其中的共性，这也是大数据最本质的特征，是引领人们对事物共性规律的认识和利用。

（3）确保云计算运营安全，加强大数据保护工作。大数据和云计算快速发展，必须要以确保安全性为前提。网络不安全，数据就不会安全，从而数据和信息的安全也就无从谈起，由此可知，网络安全，关乎国计民生，关乎国家安全。加强网络安全，维护产业实现又好又快发展，必须要取得用户信赖，在计算机安全方面，下大力气，下真功夫，需要产业界和科技界提高认识，重视大数据挖掘工作的数据隐私保护，云计算安全问题。要攻坚克难，不断在技术上取得新进步，严防黑客入侵和病毒攻击，并且要建立健全相关法律法规，对不法行为进行严厉打击，更好地维护信息安全。

（4）在实践应用中，要不断制定和完善云计算服务标准，建立相关的内部网络结构标准，增强准入门槛，强化服务企业的自律意识，以及提高资质认证标准，从而完善云计算的制度和法律，将信息消费者和服务者的责任和权益明确列出，制定出一套完整的云计算安全评估认证体系和云计算标准体系，从而对服务者提供依据，让用户放心。

第四节 大数据与云计算在技术方面的发展趋势

人们在 IT 产业变革的节点上，感受着巨浪的侵袭：云计算和大数据的发展促使 IT 产业生产力发生重大变革；生产力的变化让许多技术和模式拥有了新的血液；互联网和社会也面临着重构。

一、系统架构 + 数据 + 人方面的发展

大型机时期，硬件作为生产力的核心，随着科技的发展，人们进入 PC 时代，软件逐渐取代硬件，成为 IT 主力军。当人们进入到互联网时代，人 + 软件，成为该产业新的生产力。由此可知，在新软件研发成功后，会有很多工程师对其不断完和升级。[①]

对于云时代，IT 产业主要由数据 + 系统架构 + 人来主导。云计算产生的存储资源、计算方式，会促进数据量激增，从而让系统架构的作用越来越重要，因为它是大数据和云计算运营的基础。信息化网络时代，数据流通日益频繁，它们被广泛应用于各种服务和系统构建中，并且任何一个系统架构和软件的结合，都是一个系统，而且会不断有人参与进来，对它进行维护、修改，以及升级。此外，还要凭借海量数据为依托，不断完善和优化系统，增强系统性能。

例如，百度搜索，当用户发出搜索请求后，会出现一些无法确定搜索结果的情况，并且页面没有排序性。要解决这一问题，要利用一定算法，分为两种方法，随机抽取 5% 的用户，一共两组，分别对 A、B 两种排序方式进行使用。再通过庞杂的数据及对比结果，传输给学习平台，进一步挖掘、分析算法优势，不断优化其搜索系统，才能为用户提供更好的搜索质量。

二、数据中心计算方面的发展

事实上，发展 IT 产业的核心力量在不断变革，从而引起模式改变，使存储、计算资源出现集中的特点，面对海量数据进行优化处理和存储，充分发挥系统架构的重要性，它的改变也意味着计算模式变革。即从单机计算（桌面系统）升级为数据中心。与此相关的是软硬件思路、设计原则的变化，这一系列的反应，造成了 IT 产业核心技术的根本性变革。

单机计算相对于数据中心计算，其计算能力好比一条溪流与一条大河，而且数据中心对于容错的处理，更具系统性和逻辑性。以往的单机设计，追求的

[①] 赵凯，李玮瑶. 大数据与云计算技术漫谈 [M]. 北京：光明日报出版社，2015.

是系统安全性。因此，在系统最初设计中，特意增加校验逻辑和冗余信息，保证在错误后能够恢复。但数据中心计算采取的是分布式系统，它的抗风险能力更强，即使任意计算机产生问题，也不会影响整个系统运行，这是二者最本质的差异。此外，二者在应用场景方面也有差异，单机计算是单用户处理多任务，多机计算是多用户处理单任务，所以后者要考虑并行性因素。

对于以往 SSD 架构而言，Flash 存储单元被 SSD 总控制器控制，好处在于层次化、黑箱化，缺点是 SSD 通常写入较慢，读取较快，易产生瓶颈。所以，百度最大程度上简化了 SSD 控制器，并且取消了 SSD 架构中擦写平衡、写缓冲等逻辑。百度通过将 SSD 划分数个单元的形式，确保每个单元具备存储单元和控制器，将它们所有的控制接口和信息，向上层存储系统对接，形成多管道，可以提升存储、读取效率。此项技术革新，使百度设计的 SSD 展示出卓越性能，是 PCIE Flash 性能的 2 倍，而成本却下降 40%，是 SATA SSD 性能的 6 倍，而成本却下降 10%。

三、重构互联网方面的发展

大数据和云计算对互联网的发展，起到至关重要作用，引起开发方式、计算方式、IT 生产力方面技术和架构的变革，并且在很大程度上推动了社会进步。只有能真正改变生活，提高人们生活质量的技术才具有现实意义。推动社会变革，离不开大数据和云计算的鼎力支持。

在未来会有这样的情景：人们在单位系统里明确公出事宜后，手机就会有出行 App 信息提醒，推送相关航班信息供我们选择。在手机上就可以购买飞机票，然后预约出租车等相关服务就会弹出来，方便人们往返机场，还可以通过手机自动选座。这需要利用云计算，连接、融合各个渠道数据。但现在资源和数据都是零散的，存在于各个系统中，没有进行有效衔接，这就造成数据停滞在不同应用间和设备上。因此，互联网进行重构具有积极意义。

互联网需要不断革新，目前，引领互联网发展的关键在于建立云操作系统。要建立人人共享的模式，在云操作系统中，能够聚合所有服务、数据、业务系统本身，以及用户 ID，形成一个合作创新、规模庞大的平台。在拥有海量数据基础上，大数据算法有了发挥的空间，并且不断有用户和工程师加入，利用大数据将系统不断优化，最终形成一个具有全面性、统一性、超大的智能系统。这是物联网进行改革的本质，将机器与人合二为一，形成一个生命体，将结果与原因进行连接，推动该系统快速进化，进而重构社会。

云计算涉及现实生活诸多领域，并且在潜移默化间改变了许多行业的运行模式，比如产业运行模式和传统商业模式，换句话说，云计算引起服务变革，在其强大的产业力量带动下，新商业模式和业态如雨后春笋般层出不穷。举个例子，传统制造业被云计算改造为资源节约型和绿色低碳产业，将交通、政务、医疗，以及旅游等行业，打造成高效产业，使IT基础设施普及社会大众和人们生活的各个方面，将这类产品打造成社会公用基础设施，并且要按时缴费，不仅简化了IT的组织管理，而且大幅降低IT基础设施成本，有力地推动了信息化社会的建设。

对于医疗产业而言，在大数据和云计算的作用下，将医疗健康及卫生产业成功应用在物联网中，成为全球化"健康物联"的朝阳产业，形成一个经济发展的新业态。随着云计算、物联网、移动互联网等技术不断发展，涌现出具有远程智能化的、可穿戴的医疗电子设备的新应用，有着广阔的市场发展前景。

世界上的经济强国，都将云计算或大数据作为国家发展战略。美国早在2010年，就出台云第一的政策，并且将其落实到各机构之中，强制性规定，无论哪一个新投资，必须要先让云计算进行全面的安全性评估，这也在某种程度上，推动了云服务的发展。2012年3月29日，美国颁布"大数据研究与开发计划"，致力于通过处理、收集海量的数据信息，分析和聚合有用的意见和知识，强化能力，推动工程、科学领域的创新能力，维护国家稳定和国土安全，优化学习和教育模式。为了确保该项计划顺利实施，美国国立卫生研究院、国家科学基金会、能源部，以及国防部等六大联邦机构，共同出资2亿美元，用于大数据存储、收集、管理，以及开发技术和工具。实际上，早在这些联邦机构实施计划之前，美国已经进行许多大数据项目，涉及能源、国防、医疗，以及航天等领域。

2012年7月，日本总务省通过新闻媒体发布，《面向2020年的ICT综合战略》，成功引起社会各界关注。它的战略核心是利用大数据，快速收集有价值信息，日本对大数据面临问题、发展动向、推广现状等开展多次探讨。日本政府根据近年来的经验，提出有效结合信息技术，建设云计算产业。并且明确列出以下具体措施：以庞杂的数据为基础，实时处理，推动市场向纵深方向发展，构建不同对象的新平台。他们希望通过这一系列举措，促进云计算发展进程，开拓新兴产业和服务领域。

对于云计算和大数据的应用和研发，世界各国政府展现出极大意愿，并且将其提升为战略高度，出台相关的政策、法律倾斜的措施，打造良好的研发环境，并且给予相关财政支持，以便于更好地进行技术研发、人才队伍的建设，建立巨大和先进的数据中心，推动大数据产业有力发展。中国云计算和大数据产业，近些年发展极为迅速。在 2012 年，云市场市值已有 35 亿元，同比 2011 年，增加 70%。但中国的云计算和大数据市场，总体还在初级阶段。虽然在科技创新影响下，中国企业家纷纷涌入到云计算和大数据市场，但目前还没有健全的相关资格认证、评价、准入机制，云计算和大数据缺少具有核心竞争力的、可信赖的服务提供商，对中国产业规模起到一定制约作用。

由此可知，中国必须要高度重视大数据产业，将其纳入国家重点培养的战略性项目，而要解决大数据目前面临的问题，需要尽快与国际大数据进行有效对接，并且要占据一席之地。

首先，及早制定行业相关标准。没有规矩，不成方圆。云计算产业要想步入正轨，实现又好又快发展，必须要有一套完善的标准，这样才有利于形成产业化集群和规模化发展。标准内容涉及诸多方面，分为技术标准和服务标准。其目的在于解决混合云、公共云、私有云等的系统建设、规划设计、质量保障的问题，以及服务运营等环节出现的问题。

其次，大力度研发关键核心技术，拓宽云计算服务，实现云计算核心芯片、操作系统等技术的超大规模化研发，形成产业化和规模化，打造一批支持重点领域发展的、可控的、安全的核心技术产品。

最后，提高推广云计算应用力度，对于需求迫切的重点领域，要积极组织开展试点示范工程，利用重点行业进行试点和建设云计算的大型平台，推动产业链的全面发展。

参考文献

一、著作类

[1] 何承，朱扬勇. 城市交通大数据 [M]. 上海：上海科学技术出版社，2015.

[2] 何克晶，阳义南. 大数据前沿技术与应用 [M]. 广州：华南理工大学出版社，2017.

[3] 青岛英谷教育科技股份有限公司. 云计算与大数据概论 [M]. 西安：西安电子科技大学出版社，2017.

[4] 汤兵勇. 云计算概论：基础、技术、商务、应用. 第 2 版 [M]. 北京：化学工业出版社，2016.

[5] 于广军，杨佳泓. 医疗大数据 [M]. 上海：上海科学技术出版社，2015.

[6] 赵刚. 大数据：技术与应用实践指南 [M]. 北京：电子工业出版社，2013.

[7] 赵凯，李玮瑶. 大数据与云计算技术漫谈 [M]. 北京：光明日报出版社，2015.

[8] 赵勇. 架构大数据——大数据技术及算法解析 [M]. 北京：电子工业出版社，2015.

[9] 周苏，王文. 大数据导论 [M]. 北京：清华大学出版社，2016.

二、期刊类

[1] 陈泓茹，赵宁，汪伟. 大数据融入人文社科研究的基本问题 [J]. 学术论坛，2015，38（12）.

[2] 程宏兵，赵紫星，叶长河. 基于体系架构的云计算安全研究进展 [J].

计算机科学，2016，43（7）.

[3]甘绍晨.互联网金融模式与互联网金融创新研究[J].中国商论，2018，(27).

[4]苟建国，吕高锋，孙志刚等.网络功能虚拟化技术综述[J].计算机工程与科学，2019，41（2）.

[5]桂宁，葛丹妮，马智亮.基于云技术的BIM架构研究与实践综述[J].图学学报，2018，39（5）.

[6]何婕，赖敏.云计算平台中分布式Hadoop数据挖掘关键技术研究[J].机床与液压，2018，46（24）.

[7]洪汉舒，孙知信.基于云计算的大数据存储安全的研究[J].南京邮电大学学报（自然科学版），2014，34（4）.

[8]胡海.规划行业发展大数据呼唤顶层设计[J].城市规划，2015，39（12）.

[9]黄昌勤，朱宁，黄琼浩等.支持个性化学习的行为大数据可视化研究[J].开放教育研究，2019，25（2）.

[10]黄富平，梁卓浪，邢英俊等.云计算Hadoop平台的异常数据检测算法研究[J].计算机测量与控制，2017，25（7）.

[11]姜明月.云计算环境下通信网络路由协调控制器设计[J].现代电子技术，2017，40（23）.

[12]李泊溪.大数据与生产力[J].经济研究参考，2014（10）.

[13]李超民.智慧社会建设：中国愿景、基本架构与路径选择[J].宁夏社会科学，2019，（2）.

[14]罗先录，叶小平，王千秋等.基于LOP的分布式数据存储与查询技术[J].小型微型计算机系统，2018，39（11）.

[15]裴杰，牛铮，王力等.基于Google Earth Engine云平台的植被覆盖度变化长时间序列遥感监测[J].中国岩溶，2018，37（4）.

[16]钱萍，吴蒙，刘镇.面向云计算的同态加密隐私保护方法[J].小型微型计算机系统，2015，36（4）.

[17]邵晓慧，季元翔，乐欢.云计算与大数据环境下全方位多角度信息安全技术研究与实践[J].科技通报，2017，33（1）.

[18]宋宜获，袁建华.大数据背景下信息技术行业审计收费影响因素研究[J].商业会计，2018，（15）.

[19]王昆，李琳，李维校.基于物联网技术的智慧长输管道[J].油气储运，2018，37（1）.

[20] 王焘, 顾泽宇, 张文博等. 一种基于自适应监测的云计算系统故障检测方法 [J]. 计算机学报, 2018, 41（6）.

[21] 王焘, 张文博, 徐继伟等. 云环境下基于统计监测的分布式软件系统故障检测技术研究 [J]. 计算机学报, 2017, 40（2）.

[22] 吴宇, 杨涓, 刘人萍等. 近似存储技术综述 [J]. 计算机研究与发展, 2018, 55（9）.

[23] 武志学. 云计算虚拟化技术的发展与趋势 [J]. 计算机应用, 2017, 37（4）.

[24] 肖前国, 余嘉元. 论"大数据"、"云计算"时代背景下的心理学研究变革 [J]. 广西师范大学学报（哲学社会科学版）, 2017, 53（1）.

[25] 徐迪威, 张颖. 数据分析与现代科技管理 [J]. 科技管理研究, 2018, 38（15）.

[26] 徐计, 王国胤, 于洪. 基于粒计算的大数据处理 [J]. 计算机学报, 2015,（8）.

[27] 叶春森, 梁昌勇, 梁雯. 基于云计算-大数据的价值链创新机制研究 [J]. 科技进步与对策, 2014, 31（24）.

[28] 叶鑫, 董路安, 宋禺. 基于大数据与知识的"互联网＋政务服务"云平台的构建与服务策略研究 [J]. 情报杂志, 2018, 37（2）.

[29] 张晓丽, 杨家海, 孙晓晴等. 分布式云的研究进展综述 [J]. 软件学报, 2018, 29（7）.

[30] 张轶伦, 牛艺萌, 叶天竺等. 新信息技术下制造服务融合及产品服务系统研究综述 [J]. 中国机械工程, 2018, 29（18）.

[31] 张玉清, 王晓菲, 刘雪峰等. 云计算环境安全综述 [J]. 软件学报, 2016, 27（6）.

[32] 赵国锋, 陈婧, 韩远兵等. 5G移动通信网络关键技术综述 [J]. 重庆邮电大学学报（自然科学版）, 2015, 27（4）.

[33] 甄峰. 基于大数据的规划创新 [J]. 规划师, 2016, 32（9）.

[34] 朱群雄, 耿志强, 徐圆等. 数据和知识融合驱动的智能过程系统工程研究进展 [J]. 北京化工大学学报（自然科学版）, 2018, 45（5）.

[35] 朱巍, 刘青, 程艳等. 运用互联网与大数据推进产业发展的路径分析——以湖北省为例 [J]. 科技进步与对策, 2017, 34（24）.

[36] 池亚平, 杨垠坦, 许萍等. 基于Hadoop的监控数据存储与处理方案设计和实现 [J]. 计算机应用与软件, 2018, 35（6）.

[37] 梁烨. "互联网+"时代下商贸流通业的重塑研究[J]. 中国商论, 2019, （9）.

[38] 李凤华, 李晖, 贾焰等. 隐私计算研究范畴及发展趋势[J]. 通信学报, 2016, 37（4）.

[39] 王会金, 刘国城. 大数据时代政务云安全风险估计及其审计运行研究[J]. 审计与经济研究, 2018, 33（5）.

[40] 陈兴蜀, 曾雪梅, 王文贤等. 基于大数据的网络安全与情报分析[J]. 工程科学与技术, 2017, 49（3）.

[41] 张佳乐, 赵彦超, 陈兵等. 边缘计算数据安全与隐私保护研究综述[J]. 通信学报, 2018, 39（3）.